预应力损失试验

预应力环锚定位和装配

浇筑前锚具槽部位

监测系统验收

张拉设备装配

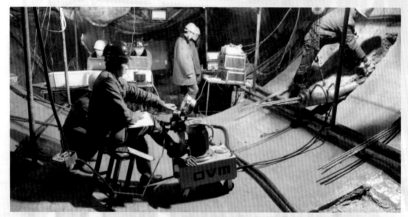

张拉试验

回填前锚具槽内全景

回填后锚具槽密实性测试

回填后隧洞及环锚衬砌全貌

圆形扁千斤顶安装

反力衬砌支模及浇筑

内水压力加载前系统调试

环锚衬砌内水压力加载

水工压力隧洞
无黏结预应力环锚衬砌技术与实践

王玉杰　曹瑞琅　齐文彪　皮进　薛兴祖　著

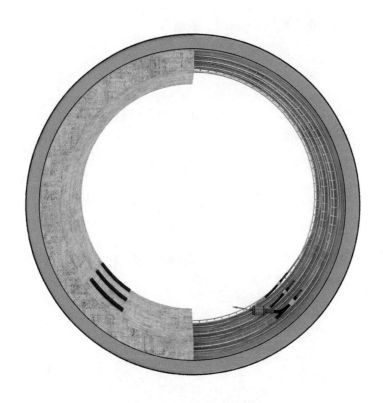

中国水利水电出版社
www.waterpub.com.cn
·北京·

内 容 提 要

　　本书为无黏结预应力环锚衬砌技术的最新成果。本书共有 11 章，内容主要包括：概述，水工隧洞环锚衬砌技术发展与工程应用，无黏结预应力环锚衬砌结构特点与工程设计，引松工程引水隧洞预应力环锚衬砌设计方案，环锚衬砌预应力损失与确定方法，基于无内水压原位试验的预应力环锚衬砌和围岩受力变形特征，基于有内水压原位试验的预应力环锚衬砌和围岩受力变形特征，无黏结预应力环锚衬砌数值建模方法与试验验证，不同结构形式环锚衬砌数值模拟及预应力效果，环锚衬砌锚具槽微膨胀混凝土回填试验研究以及无黏结预应力环锚衬砌施工技术和施工工艺。

　　本书可供从事水利水电工程技术的科研、设计、施工人员及相关高校师生参考使用。

图书在版编目（ＣＩＰ）数据

　　水工压力隧洞无黏结预应力环锚衬砌技术与实践 /
王玉杰等著. -- 北京 : 中国水利水电出版社，2019.6
　　ISBN 978-7-5170-7759-6

　　Ⅰ.①水… Ⅱ.①王… Ⅲ.①水工隧洞－压力隧洞－
预应力锚夹具－衬砌 Ⅳ.①TV672

　　中国版本图书馆CIP数据核字(2019)第116173号

书　　名	**水工压力隧洞无黏结预应力环锚衬砌技术与实践** SHUIGONG YALI SUIDONG WU NIANJIE YUYINGLI HUANMAO CHENQI JISHU YU SHIJIAN	
作　　者	王玉杰　曹瑞琅　齐文彪　皮进　薛兴祖　著	
出版发行	中国水利水电出版社 （北京市海淀区玉渊潭南路 1 号 D 座　100038） 网址：www. waterpub. com. cn E - mail：sales@waterpub. com. cn 电话：(010) 68367658（营销中心）	
经　　售	北京科水图书销售中心（零售） 电话：(010) 88383994、63202643、68545874 全国各地新华书店和相关出版物销售网点	
排　　版	中国水利水电出版社微机排版中心	
印　　刷	北京印匠彩色印刷有限公司	
规　　格	184mm×260mm　16 开本　12.25 印张　301 千字　2 插页	
版　　次	2019 年 6 月第 1 版　2019 年 6 月第 1 次印刷	
定　　价	**80.00** 元	

前言 QIANYAN

能抵御较高的内外水压力是长距离调水、水电站和抽水蓄能电站等工程中有压隧洞的一项重要功能，如何充分利用围岩和衬砌来抵抗内水压力并保证它们自身稳定一直是工程和学术界关注的焦点。预应力环锚衬砌是在钢筋混凝土衬砌中环绕高强钢绞线，通过张拉钢绞线至一定荷载并锁定在锚具槽中，类似于箍的效应，在钢筋混凝土衬砌中形成径向附加预应力以抵抗内水荷载，具有结构承载能力强、材料利用率高且可不依赖围岩独立承载等特点。与钢筋混凝土-钢板衬砌相比，预应力环锚衬砌克服了钢板外侧焊接难和高外水压力作用下钢板易屈曲的难题；与高压灌浆预应力衬砌相比，预应力环锚衬砌避开了被动式预应力衬砌需要坚固围岩来提供施加预应力的必要反力的局限性，能适应于软岩和浅埋隧洞。预应力环锚衬砌自 20 世纪 50 年代在意大利和瑞士提出以来，已发展为无黏结和有黏结预应力环锚衬砌两种结构型式，逐渐成为有压隧洞衬砌的重要型式。我国水利水电工程于 20 世纪 90 年代开始使用这一衬砌结构，已在天生桥一级水电站引水隧洞、清江隔河岩水电站引水隧洞、南水北调穿黄隧洞、黄河小浪底水利枢纽工程排沙洞、大伙房输水隧洞等工程中得到应用，取得了重要进展和宝贵经验。

吉林省中部城市引松供水工程（以下简称"引松工程"）输水线路全长 263.45km，其中隧洞长 133.98km，采用有压输水方式。输水隧洞部分洞段岩性多变，质量较差，且埋深较浅，最浅处仅 7～8m，围岩不能满足规范规定的应力场最小主应力准则、水力劈裂准则和抗抬准则，经综合经济技术比较后，长达 14.76km 洞段最终采用了无黏结预应力环锚衬砌。根据国内外使用无黏结预应力环锚衬砌的经验，环形锚索作用下径向预应力形成机制、环形锚索缠绕方式对衬砌力学特性的影响、锚具槽的布置方式对其周围应力水平的影响及锚具槽防腐设计等方面仍然存在问题。为了保证引松工程无黏结预应力环锚衬砌的长期运行安全，并促进这一技术的推广应用，作者所在研究团队结合引松工程应用实际，在已有资料调研和分析的基础上，综合运用理论分析、数值模拟、室内试验和现场试验等多种手段，对无黏结预应力环锚衬砌力学特性、结构形式、施工方法和质量控制等进行了深入研究，并为工程最终采用单层双圈缠绕法无黏结预应力环锚衬砌这一结构型式提供了技术支撑。

目前，预应力环锚衬砌重要进展可以总结为：一是首次提出大型扁千斤顶加载系统模拟原位内水压力加载，并应用多种传感手段揭示了张拉和内水压力作用下环形锚索的受力变形机制、环锚衬砌径向预应力的形成机理、衬砌结构受力变形特征以及衬砌和围岩相互作用；二是建立了原理明确、建模快捷的预应力环锚衬砌数值模拟方法，可以合理模拟环锚衬砌力学行为并为设计服务；三是提出了锚固系统防腐新措施和自流平微膨胀混凝土锚具槽回填密封技术，解决了以往工程中存在的锚具槽在侧部时回填无法密实的问题；四是编制了一整套有利于提高施工效率、严格控制质量的无黏结预应力环锚衬砌施工工艺，用于指导和规范引松工程环锚衬砌施工。

本书系统总结了无黏结预应力环锚衬砌的最新成果，将对我国压力隧洞支护结构设计理论发展及工程实践起到积极推动作用。尽管如此，由于预应力环锚衬砌形式复杂，在后续的工程应用中，还需进一步积累实际运行监测资料，继续探明不同工况条件下环锚、混凝土衬砌、围岩的相互作用机理，并优化设计，其路途尤长。

本书在编写过程中，得到了赵宇飞、姜龙、郑理峰、孙兴松、刘阳、王倩等同志的支持和帮助，作者谨向他们表示诚挚的谢意。

作　者

2019 年 4 月 22 日于北京和长春

目录 MULU

第1章 概　　述

1.1 引言

近些年国内外重大水利水电工程涌现了大量高内压、大洞径的压力隧洞。例如，已建的黄河小浪底水利枢纽工程排沙洞、天生桥一级水电站引水隧洞、日本奥矢作Ⅰ级和Ⅱ级水电站、巴基斯坦 Tarbela 水利枢纽、南水北调穿黄隧洞、三峡水电站引水隧洞，以及在建或即建的引松工程长距离调水隧洞、阳江抽水蓄能电站、缅甸 Salween 电站等。国内外重要水工压力隧洞见表1-1。

常规钢筋混凝土衬砌在高内水压力作用下极易开裂；钢板-钢筋混凝土衬砌结构外侧难以焊接，常导致耐久性不足和易屈曲；高压灌浆衬砌要求围岩提供施加预应力的全部反力，对围岩强度和隧洞覆盖层厚度提出了较为严格的要求；因此，对于"围岩质量差、覆盖层薄且内压高"的大直径压力隧洞衬砌问题一直难以解决，是水利水电工程建设面临的巨大挑战。意大利 San Fiorino 水电站调压井工程提出了曲线锚索式预应力衬砌的设计理念，通过施加预压应力来抵消内水压力产生的拉应力，使衬砌成为抗裂结构，以满足防渗与承载要求，并在意大利和瑞士的水利工程中试验成功。此后，我国对这种衬砌结构形式和锚索布置方法不断改进和完善，逐渐发展为新型预应力环锚衬砌技术。

表1-1　　　　　　　　　　国内外重要水工压力隧洞一览表

序号	工程名称	国家	水头/m	围　岩	衬砌类型
1	引松工程输水隧洞	中国	68	凝灰岩、花岗岩	无黏结环锚衬砌
2	羊卓雍湖抽水蓄能电站	中国	72	变质灰岩、板岩	钢板衬砌
3	渔子溪水电站	中国	380	花岗闪长岩	月牙肋钢衬
4	鲁布革水电站引水隧洞	中国	74	白云岩、灰岩	钢筋混凝土衬砌
5	引子渡水电站	中国	170	灰岩	月牙肋钢衬
6	天生桥一级水电站引水隧洞	中国	100	灰质白云岩	有黏结环锚衬砌
7	黄河小浪底水利枢纽工程排沙洞	中国	120	砂页岩	无黏结环锚衬砌
8	大伙房输水隧洞	中国	55	花岗岩	无黏结环锚衬砌
9	隔河岩水电站引水隧洞	中国	100	灰岩	有黏结环锚衬砌
10	广蓄一期、二期	中国	535	花岗岩	钢筋混凝土衬砌
11	阳江抽水蓄能电站	中国	800	花岗岩	钢筋混凝土衬砌
12	Tarbela 水利枢纽	巴基斯坦	140.3	白云灰岩、石英岩	月牙肋钢衬
13	San Fiorino 调压井	意大利	99	变质灰岩	有黏结环锚衬砌
14	Presenzano 调压井	意大利	61	变质灰岩	无黏结环锚衬砌

序号	工程名称	国家	水头/m	围岩	衬砌类型
15	Grimsel Tailrace 压力隧洞	瑞士	60	碳酸盐岩	无黏结环锚衬砌
16	奥矢作Ⅰ级和Ⅱ级水电站	日本	50	花岗岩	扶壁式压力管
17	Montezic 抽水蓄能电站	英国	423	花岗岩	钢筋混凝土衬砌
18	Kvilldal 水电站	挪威	465	片麻岩	钢筋混凝土衬砌
19	Helms 抽水蓄能电站	美国	530	花岗岩	钢筋混凝土衬砌
20	柳又水电站调压井	日本	30	砂岩	扶壁式压力管

预应力环锚衬砌通过千斤顶张拉衬砌中预埋设的环向封闭型曲线锚索，使混凝土产生径向预压应力，既充分利用了预应力混凝土结构优越的抗拉和抗渗性能，又不像灌浆式预应力衬砌那样需要围岩提供全部反力，它可依靠提高锚索主动式预应力来降低围岩的荷载分担，不受围岩地质条件限制。根据预应力筋与混凝土的接触关系不同，可将预应力环锚衬砌分为有黏结和无黏结两种型式。目前，无黏结环锚衬砌已在瑞士 Grimsel Tailrace 压力隧洞、意大利 Presenzano 调压井、小浪底有压排沙洞以及大伙房输水隧洞等四个工程中得到成功实践。工程应用表明，与有黏结预应力环锚衬砌结构相比，无黏结预应力环锚衬砌结构具有衬砌整体受力更加均匀、预应力损失大幅度降低、钢绞线用料少、衬砌预应力薄弱区域较小和施工便捷等优势。

1.2　引松工程总体情况及面临的挑战

引松工程是解决我国东北部地区城市供水问题的大型长距离调水项目，建设期为 2013—2020 年，输水干线全长 263.45km，总投资达 101 亿元，属于国务院确定的 172 项重大水利工程，主要由输水线路和配套的调节及连接建筑物等组成，包括一条输水总干线、一处分水枢纽、三条输水干线、干线末端三个调节水库、十二条输水支线、支线七个调节（检修）水库和各线路上相应交叉及附属建筑物。

引松工程是松辽流域水资源优化配置的重要工程，为提高长距离输水效率，输水干线设计成为压力隧洞，工程规模宏大，地质条件复杂，被国内外工程专家誉为最具挑战性的工程之一。总干线线路长且浅埋洞段位置分散，沿线地质条件变化复杂，部分工程段隧洞覆盖层较浅（图 1—1），最小深度仅为 8.5m，而且围岩为质量较差的 V 类强风化凝灰岩。洞内最大内水压力高达 0.68MPa。在高内水压力作用下，不增强支护条件，长达 14.756km 的浅埋洞段均不能满足《水工隧洞设计规范》（SL 279—2016）要求的最小主应力准则和抗抬准则，普通钢筋混凝土衬砌会发生较大塑形变形而导致衬砌开裂失效，因此，采用新型无黏结预应力环锚衬砌以抵抗高内水压力。

无黏结环锚衬砌属于国内外新型衬砌技术。与普通钢筋混凝土衬砌相比，环锚衬砌施工是一项工艺精细、技术含量高的工作，而且对无黏结预应力环锚的定位、张拉、锚固以及衬砌混凝土浇筑质量控制等设计和施工技术提出更高要求。常规锚索是利用锚固端和张拉端的挤压作用使混凝土产生压应力，而无黏结预应力环锚衬砌是利用锚固端和张拉端合

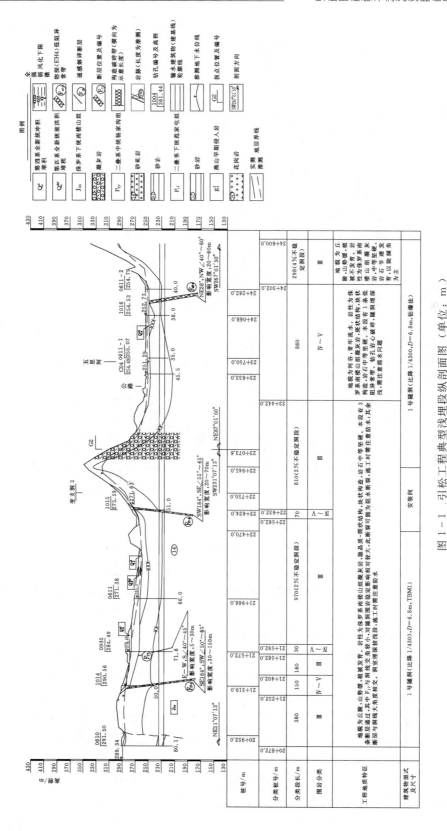

图1-1 引松工程典型浅埋段纵剖面图（单位：m）

二为一的游动锚头把锚索封闭起来，通过"套箍效应"将锚索环向拉力转化为作用于锚索-衬砌交界面上的径向荷载，从而使混凝土产生预压应力，二者在传力机制上是明显不同的。作为一种新型支护结构，相关规范和技术手册尚不完善，结构设计和施工工艺均有待优化，这给环锚衬砌工程广泛应用带来极大困难。此外，目前在进行无黏结环锚预应力衬砌结构设计时，因围岩和衬砌的内水荷载分担比例无法确定，二者联合承载作用不明确，也阻碍了无黏结环锚预应力衬砌的广泛应用。

为明确高内水压力作用下衬砌力学特性，确保结构安全，引松工程综合运用理论分析、数值试验、室内试验和现场试验等多种方法系统研究无黏结预应力环锚衬砌力学特性，并选取 12m 典型隧洞段开展了国内外首次环锚衬砌大型原位加载试验。引松工程无黏结预应力环锚原位试验和工程实践，在预应力环锚衬砌力学特性、结构设计优化、施工工艺改善以及运行期安全性能评价等关键技术方面均有突破，并积累了丰富的实践经验，为无黏结预应力环锚衬砌的工程广泛应用奠定了坚实基础。

1.3　本书主要内容

本书共分为 11 章，内容囊括了有压水工隧洞无黏结预应力环锚衬砌应用现状、结构力学特性、施工工艺、优化设计方法以及安全性能评价等内容，全面阐述了无黏结预应力环锚衬砌技术的最新研究进展和工程实践。

第 1 章为概述，简述无黏结预应力环锚衬砌技术的研究意义、结构特点、工程价值以及社会效益，并介绍引松工程总体情况及面临的挑战。

第 2 章为水工隧洞环锚衬砌技术发展与工程应用，系统总结了预应力环锚衬砌技术发展历程、已建工程应用案例以及预应力环锚衬砌力学特性及安全性能的研究方法。

第 3 章为无黏结预应力环锚衬砌结构特点与工程设计，主要阐述了无黏结预应力环锚衬砌力学性质和荷载传递特点，分析了环锚衬砌结构体系组成方式，凝练了工程设计要点。

第 4 章为引松工程引水隧洞预应力环锚衬砌设计方案，全面介绍了满足引松工程的围岩地质条件和内水荷载设计要求下的预应力环锚衬砌设计方案。

第 5 章为环锚衬砌预应力损失与确定方法，从规范建议、室内试验、现场试验三个方面列举了环锚衬砌预应力损失表征与确定方法，展示了基于环锚模型结构试验预应力损失参数测试方法以及现场原位试验预应力损失参数测定。

第 6 章为基于无内水压原位试验的预应力环锚衬砌和围岩受力变形特征，依据原位试验结果，全面阐述了无黏结预应力环锚衬砌张拉期间的混凝土预应力应变分布规律、环锚力学特性变化规律以及衬砌-围岩相互作用特点。

第 7 章为基于有内水压原位试验的预应力环锚衬砌和围岩受力变形特征，介绍了模拟内水压的原位加载试验设计，综合分析了内水荷载加载条件下的环锚衬砌受力特点以及与围岩的联合承载特性。

第 8 章为无黏结预应力环锚衬砌数值建模方法与试验验证，剖析了预应力环锚衬砌数值建模的难点和应对方法，包括围岩对衬砌的约束作用、无黏结环锚力学特性、预应力损失非线性分布，展示了新的数值建模方法以及验证。

第 9 章为不同结构形式环锚衬砌数值模拟及预应力效果，从环锚缠绕方法、锚具槽布置形式、衬砌厚度、环锚间距以及截面形状等多方面系统总结了环锚衬砌结构特点和力学特性的关系。

第 10 章为环锚衬砌锚具槽微膨胀混凝土回填试验研究，描述了混凝土配合比试验及混凝土性能测试，结合现场试验，总结了微膨胀混凝土回填效果和质量保障。

第 11 章为无黏结预应力环锚衬砌施工技术和施工工艺，结合已有工程案例及最新的工程实践，总结了无黏结预应力环锚衬砌施工工艺和施工技术以及环锚张拉控制标准、施工安全要求和施工规程规范，以及引松工程现场施工效果。

第2章 水工隧洞环锚衬砌技术发展与工程应用

2.1 引言

在地层中开凿的一种满足水利水电工程需求的水流通道即为水工隧洞。水工隧洞主要有泄洪、发电、灌溉、排泄水库泥沙和导流等功能。水工隧洞根据水流状态可分为无压隧洞和有压隧洞。有压隧洞通常采用圆形断面。为了保证水流通畅及满足隧洞结构稳定性，有压隧洞大都需要设置衬砌。衬砌与围岩联合工作，共同承受围岩压力及其他荷载，保证隧洞安全和围岩稳定。水工有压隧洞的设计，需要考虑隧洞围岩的稳定性和内、外水的渗漏问题。由于混凝土抗拉能力差，在内水压力作用下普通钢筋混凝土衬砌易受拉产生裂缝，而钢板-钢筋混凝土联合衬砌抗拉能力较普通钢筋混凝土有较大的提升，因而钢板-钢筋混凝土联合衬砌一度在水工有压隧洞设计时得到了广泛的应用。然而随着水利水电事业的发展，工程中出现了越来越多的高内水压力、大直径水工有压隧洞。工程应用表明，钢筋混凝土衬砌以及钢板-钢筋混凝土联合衬砌在这种条件下极易开裂。

20世纪60年代奥地利在水电工程中首先提出了采用缝隙灌浆法对衬砌施加预应力的新工艺，它的设计理念是预先在衬砌中施加与拉应力相反的压应力来改善混凝土的工作性能，因此，可以在不配置钢筋或配置少量构造筋的情况下，使衬砌结构满足抗裂和防渗的要求。但是国内外的实践经验表明，灌浆式预应力衬砌结构最终需要围岩提供施加预应力的反作用力，要求围岩必须有足够的强度和覆盖层厚度。因而，在很长时间内，岩土工程界对"围岩质量差、隧洞覆盖层薄而压力水头高"的水工有压隧洞一直没有很好的支护措施。1973年意大利San Fiorino水电站调压井工程首次使用了环锚式预应力衬砌。它是通过环锚给衬砌施加预压应力来抵消内水压力产生的拉应力，使衬砌成为抗裂结构，能同时满足防渗与承载要求，这种衬砌型式可依靠提高锚索主动式预应力以降低围岩的荷载分担，不受围岩地质条件限制。目前除了应用高内水压力水工隧洞的钢筋混凝土衬砌和钢板衬砌外，环锚衬砌已经作为应对高内水压力和隧洞上覆岩体较差的一种衬砌，在国内外得到了一定的应用。

2.2 预应力环锚衬砌技术的发展历程

常见的水工隧洞衬砌结构类型如图2-1所示，简单列举如下：

（1）护面衬砌。护面衬砌也称平整衬砌或抹平衬砌，可用混凝土、浆砌石等做成。它不承受荷载，只起防止渗漏、减小糙率和保护岩石不受风化的作用，适用于岩体较好，能自行稳定且水头和流速较低的情况。

（2）单层衬砌。由混凝土、钢筋混凝土及浆砌石等做成，适用于中等地质条件，

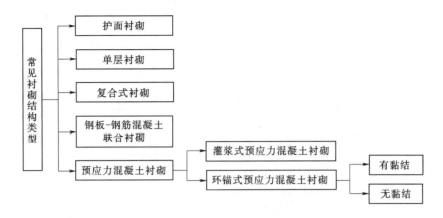

图 2-1 常见的水工隧洞衬砌结构类型

断面较大、水头和流速较高的情况。混凝土及钢筋混凝土的厚度，一般约为洞径或跨度的 1/8～1/12，且不小于 25cm（单层钢筋时）或 30cm（双层钢筋时），由衬砌计算最终确定。

（3）复合式衬砌。其形式有：边墙和底板为浆砌石，顶拱为混凝土；顶拱、边墙锚喷后再进行混凝土或钢筋混凝土衬砌。

（4）钢板-钢筋混凝土联合衬砌。内层为钢板，能够提高结构的防渗性能，外层为钢筋混凝土。因为可以通过调整钢板的厚度来适应不同的工作水头和地质条件，国内一些水工高压隧洞都采用这种衬砌方式。例如，涪江武都引水工程、雅砻江安宁河大桥水库工程、岷江黑龙滩枢纽病害整治工程、李家峡水电站泄水洞等都采用了钢板-钢筋混凝土联合衬砌形式。但实际工程中这种衬砌也出现过一些问题，主要表现为：钢板之间焊接困难，外水压力下结构失稳、内水外渗、防腐耐久性差等。

（5）预应力混凝土衬砌。应用于高水头圆形有压隧洞，由于预加了压应力，可使衬砌厚度减薄，节省材料和开挖量。预应力混凝土衬砌可分为两种：一是通过压力灌浆的方式使混凝土衬砌产生预压应力，称为灌浆式预应力混凝土衬砌或被动预应力形式；二是通过张拉混凝土衬砌内的环向锚索使衬砌产生预压应力，称为环锚式预应力混凝土衬砌。根据所使用的预应力筋的不同，可把环锚式预应力混凝土衬砌分为有黏结和无黏结两种形式。

水工压力隧洞和调压井这种圆筒形结构比较适宜采用预应力环锚衬砌技术。首先，这类工程通常要求按抗裂设计，而预应力环锚衬砌技术正是在压力隧洞衬砌中先施加预压应力来抵消内水压力产生的拉应力，使衬砌成为抗裂结构，满足防渗与承载要求；其次，预应力环锚衬砌具有不受围岩地质条件的限制等许多优点。

20 世纪 70 年代，意大利就利用预应力环锚衬砌技术替代钢板衬砌修建了六个水电站的调压井和两个压力隧洞，瑞士采用无黏结预应力混凝土衬砌修建了一条压力隧洞。多年运行结果表明，这些工程运行状况良好，没有发现衬砌开裂和漏水现象。典型工程的一些基本数据见表 2-1。

表 2-1　　　　　　　　国外典型预应力环锚衬砌水工隧洞和调压井

工程	国家	结构	建造年份	水头/m	长度或深度/m	内径/m	衬砌厚度/m	预应力筋
San Fiorino	意大利	调压井	1971—1973	100	99	82	0.6—0.8	有黏结
Brasimone	意大利	调压井	1973—1974	60	61	26	0.70	有黏结
Piastra - andonno	意大利	隧洞	1973—1974	80	11400	3.3	0.25	有黏结
Taloro	意大利	调压井	1975	90	90	14.9	0.80	有黏结
Taloro	意大利	隧洞	1975—1976	90	495	5.5	0.45	有黏结
Chiotas - Piastra	意大利	隧洞	1976—1977	140	90	7.0	0.60	有黏结
Grimsel Tailrace	瑞士	隧洞	1977—1978	140	60	6.8	0.60	无黏结
Presenzano	意大利	隧洞	1988—1990		4425	5.6	0.52	无黏结

近年来，由于国外发达国家的水电资源已基本开发完毕，因此这方面的应用和研究已经很少。我国的实际工程应用也是近 30 年的事情。21 世纪之前我国采用预应力环锚结构作为水工隧洞混凝土衬砌的大型工程主要有清江隔河岩水电站的四条引水隧洞、天生桥引水发电隧洞和小浪底工程的三条排沙洞。前两个采用的是有黏结预应力环锚技术，后者则是无黏结双圈预应力环锚技术，这些工程的一些基本资料见表 2-2。

2005 年后，我国修建的采用预应力环锚混凝土衬砌的大型水利工程有两个：一是南水北调工程的穿黄隧洞，洞长约 3.5km，洞径 7m，设计采用有黏结预应力环锚衬砌结构；另一个是辽宁大伙房水库输水工程，其工程规模仅次于南水北调，输水管道全长 259km，其中采用无黏结预应力环锚衬砌的输水隧洞长约 8km，洞径为 6m，设计水头 60m。这两个工程的一些基本资料也列于表 2-2 中。

表 2-2　　　　　　国内部分已建预应力环锚衬砌水工隧洞基本资料

工　程	建造年份	水头/m	长度/m	内径/m	衬砌厚度/m	预应力筋
隔河岩水电站	1993—1995	100	700	9.5	0.90	有黏结
天生桥水电站	1997—1999	130	480	9.7	0.70	有黏结
小浪底排沙洞	1997—1999	122	2160	6.5	0.65	无黏结
辽宁大伙房输水工程	2005	60	8000	6.0	0.5	无黏结
南水北调穿黄隧洞	2007	—	3500	7.0	0.4	有黏结

2.3　已建工程应用实例

2.3.1　清江隔河岩水电站引水隧洞

清江隔河岩水电站引水隧洞主要采用了两类锚固系统。第一类为传统的群锚系统（QM 锚），即在每环孔道的衬砌内侧成对地设置张拉槽，并沿洞轴线左右对称布置，钢绞线束从一槽入孔，在衬砌内空间交叉后于另一槽穿出，在两槽间形成张拉台座，以供钢绞线束对拉和锚固。这种锚固系统主要应用在 1 号和 3 号隧洞，衬砌厚度为 90cm，张拉包角为 380°，如图 2-2 所示。第二类为环锚系统（HM 锚），即每环孔道的衬砌内侧只设有一个张拉槽，沿轴线左右上下对称排布，钢绞线束两端共汇于一块锚板上，依托锚板直接张拉，无台座进行张拉，张拉机具置于槽外，由专门的弧形垫座伸入槽内连接锚板和张拉机具，来完成力的传递。该锚固系统主要应用在 2 号和 4 号隧洞，衬砌厚度为 75cm，张拉包角为 360°，如图 2-3 所示。

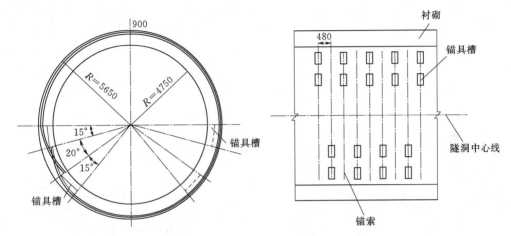

图 2-2　清江隔河岩水电站引水隧洞 QM 锚结构锚具槽布置图（单位：mm）

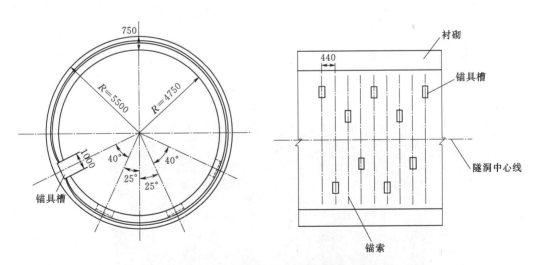

图 2-3　清江隔河岩水电站引水隧洞 HM 锚结构锚具槽布置图（单位：mm）

　　从 QM 锚和 HM 锚系统的结构布置可以看出，从保证衬砌完整性的角度来说，在一个环内只设一个锚具槽的 HM 锚系统较每环设置两个锚具槽的 QM 锚系统有利，因为每环内设置的锚具槽越多对衬砌的截面的削弱越大，对衬砌的受力状态影响越大，使衬砌的薄弱部位增多。HM 锚系统张拉不需要台座，每束锚索只需设一个锚具槽，大大减少了施工时的工程量，并且锚索在进入锚具槽前不需交叉，孔道的布置更平顺，累计的包角小，锚索进入锚具槽前弯向锚具槽的小圆弧段曲率半径较大，减少了孔道摩擦损失，有效预压应力增大，改善了锚具槽附近的受力，使得设计更合理一些。HM 锚系统的锚具槽在相邻环的布置是上、下、左、右交错布置，这就使不利受力部位不会集中在相同受力方向，均布了不利的受力范围，这也是值得相似工程借鉴之处。

2.3.2　天生桥一级水电站引水隧洞

南盘江天生桥一级水电站引水隧洞采用了后张有黏结高效预应力体系，锚固体系采用 HM，与清江隔河岩的 HM 锚系统布置相似。衬砌混凝土强度等级为 C40，衬砌厚度 0.7m，浇筑段长分为 6m 和 12m 两种。钢绞线束布置原则相同，中心间距均为 0.34m，每个浇筑段设有钢绞线束分别为 17 束和 35 束，在横断面上除预留槽两侧外，其余距衬砌外缘 0.15m。为方便施工，采用低位张拉，与垂直中心线成 25°和 75°。交替布置 4 排内槽口环锚。其衬砌断面如图 2-4 所示，现场隧洞衬砌施工如图 2-5 所示。

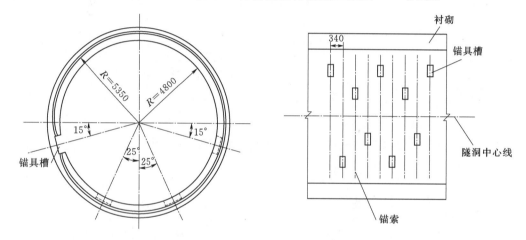

图 2-4　天生桥一级水电站引水隧洞预应力混凝土衬砌锚具槽布置图（单位：mm）

图 2-5　天生桥一级水电站隧洞衬砌施工

对于天生桥一级水电站引水隧洞预应力混凝土衬砌来说，其主要存在问题是建立环向有效预应力大小。环形隧洞通过张拉环向锚索对衬砌产生挤压作用，从而在衬砌内建立预压应力。用常规的方法建立的预应力一般都是沿直线方向对预应力筋进行张拉，然而在隧洞中要对环向筋进行张拉，就要留出锚具槽来安装张拉器具，这必定影响环向预应力的传递和衬砌的整体性，所以在天生桥一级水电站采用变角张拉。实践表明，采用变角张拉机具一般能使张拉槽纵向尺寸减小 1/2 以上。虽然这种方法能减少锚具槽的尺寸，但若变角张拉的弯角角度过大将会引起很大的张拉荷载损失。由实验结果可知，仅此一项的荷载损失就达到 16％，若再考虑到限位板和锚板以及沿程摩擦阻力等因素的影响，损失会进一步增加。

为了提高有效预压应力的数值，除了要对张拉机具和锚具进行改进，还要对变角张拉装置进行改进来减少张拉荷载在进入孔道前的损失。为了使钢绞线和混凝土更好的黏结在一起，最常用的方法是采用超张拉，使张拉控制应力在 0.8 倍极限抗拉强度左右。

2.3.3 南水北调穿黄隧洞工程

南水北调穿黄隧洞工程是南水北调中线的关键工程，也是我国穿越大江大河规模最大的输水隧洞，被称为南水北调的"咽喉工程"。两条平行引水穿黄隧洞是整个穿黄工程最引人瞩目的控制性建筑物，每条隧洞总长为 4250m，单洞内直径为 7m，外直径为 8.7m，采用双层衬砌。外衬为拼接式钢筋混凝土管片结构，混凝土强度等级为 C50，厚度 40cm；内衬为现浇预应力混凝土结构，混凝土强度等级为 C40，厚度 45cm，内、外衬由弹性防、排水垫衬分隔，且分别独立工作。内衬预应力采用环锚（HM）预应力系统，采用有黏结钢绞线，单束锚索由 12 根钢绞线集束组成，下料长度为 26m。锚索沿轴向间距 40cm，锚具槽尺寸为长 1000 mm，宽 320 mm，深 255 mm。锚具槽布置形式如图 2-6 所示。借助弧形垫座将锚索导出预留槽外，只用一台千斤顶实现无台座张拉。施工实践证明，穿黄隧洞工程采用的复合预应力混凝土衬砌结构有效解决了有压输水隧洞同时承受内外水土压力的难题，保证了隧洞顺利贯通。且和清江隔河岩水电站引水隧洞相比，预应力衬砌厚度得到了大幅减少。

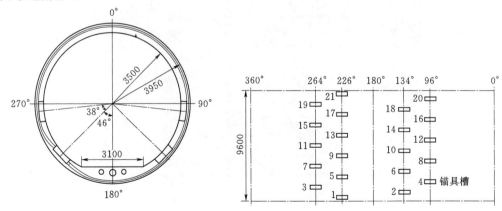

图 2-6　南水北调穿黄隧洞预应力混凝土衬砌锚具槽布置图（单位：mm）

2.3.4 黄河小浪底水利枢纽工程排沙洞

黄河小浪底水利枢纽工程排沙洞是我国第一例采用双层双圈布置无黏结混凝土衬砌的水工结构。该衬砌混凝土设计强度等级为 C40,锚具槽沿隧洞轴线方向分为左右两排交错布置在衬砌下方,相邻的两个锚具槽中心夹角为 90°。锚具槽的长度为 1540mm,宽度为 300mm,深度为 250mm,锚索张拉锁定后用微膨胀混凝土对锚具槽进行回填。预应力锚索由 8 根 $7\phi5$ 的高强低松弛无黏结预应力钢绞线组成,标准强度为 1860MPa,预应力张拉控制系数为 0.75。衬砌的断面结构见图 2-7,现场施工情况见图 2-8。小浪底工程采用的无黏结预应力衬砌方案较隔河岩水电站和天生桥一级水电站采用的有黏结预应力衬砌方案相比,无黏结方案能够使衬砌的预压应力更均匀,由于摩擦引起的应力损失更小,由实验可得到无黏结方案的预压应力比有黏结方案大 25% 左右。

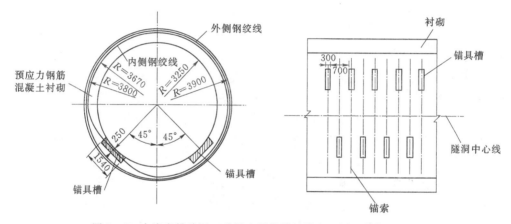

图 2-7 小浪底排沙洞工程衬砌结构锚具槽布置图(单位:mm)

图 2-8 小浪底排沙洞无黏结预应力混凝土衬砌施工图

无黏结方案的钢绞线和混凝土之间不相互黏结,施工时不需要预留孔道,施工上要方便很多,节省人力物力。并且正是由于钢绞线和混凝土无黏结使得锚具槽的位置对衬砌的预压应力分布无影响，锚具槽可设置在便于回填混凝土的位置，而有黏结方案要考虑锚具槽位置对衬砌应力均匀性的影响，要将锚具槽沿衬砌环向均匀交错布置，使衬砌的应力尽量均匀，并且无黏结方案在浇筑混凝土之前可以预埋钢绞线，可以节省穿筋灌浆等工序，大大简化了施工难度和进程。无黏结方案所需的锚具槽数量与有黏结方案相比大大减少，使衬砌的整体性相对较好；无黏结方案锚索间距较大，所用钢绞线和锚具数量少，大大节约工程的造价。

2.3.5　大伙房水库输水隧洞

大伙房水库输水隧洞工程采用双层双圈无黏结预应力混凝土衬砌，应用了变角张拉技术。该衬砌混凝土设计强度等级为 C40，在锚板的张拉端和锚固端各设置 4 个锚孔，每层钢绞线从锚固端起始，在衬砌中环绕 2 圈后进入到张拉端，锚固端和张拉端包角大小为 $2 \times 360°$，锚具槽的长度为 1.3m，深度为 0.2m，宽度为 0.2m。预应力钢筋由 $7\phi5mm$ 高强无黏结低松弛 1860 级钢绞线组成，公称截面面积为 $4 \times 139mm^2$，衬砌厚度为 50cm，预应力钢筋束的轴向中心间距为 470mm，其体型布置如图 2-9 所示。

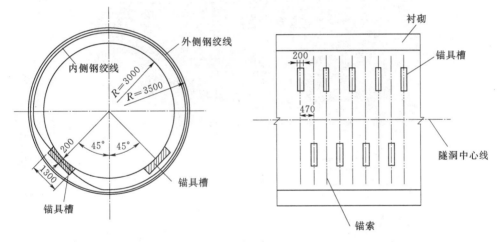

图 2-9　大伙房水库输水隧洞结构锚具槽布置图（单位：mm）

大伙房水库输水隧洞是继小浪底工程之后无黏结预应力混凝土衬砌结构在水工隧洞中的再一次成功应用。通过对大伙房水库隧洞衬砌的计算分析和实验分析可得，采用环锚无黏结预应力钢筋使得衬砌内的各项应力分布均匀，有效预压应力能够满足设计要求，能够保证衬砌的安全运行。采用无黏结体系方便锚具槽的施工，所需锚具槽的数量减少，大大减少了工程量。

2.4　预应力环锚衬砌力学特性研究方法

伴随着无黏结预应力环锚衬砌形式在我国水工隧洞工程建设中的应用，研究人员和工程设计人员对这种结构形式的设计方法和计算方法进行了越来越深入的研究，主要采用仿真模型试验、数值计算分析以及现场试验方法等。

2.4.1　模型试验方法

模型是仿照原型（真实结构）并按照一定比例关系制作而成的试验模型，具有实际结构的全部或部分特征。在小浪底排沙洞工程的方案选择期间中，对无黏结预应力混凝土衬砌结构形式进行了模型试验。模型试验采用与实际施工完全相同的构筑材料、施工程序和设计内水压力。该模型与实际施工工程的比例是 1∶1（图 2-10），锚索布置以及锚具槽布置均与实际工程一样，研究了无黏结形式在锚索张拉过程和压水试验下的裂缝产生情况，验证了无黏结衬砌方案的有效性，并对设计所需参数进行定量，优化了结构形式，为以后的结构设计提供了很多可靠的试验数据，也为同类工程结构设计提供了理论依据。

图 2-10　小浪底试验模型照片

2.4.2　数值计算分析方法

无黏结预应力环锚衬砌因结构较复杂，围岩、衬砌以及有压内水之间的相互作用力学机理尚不明确，并且，它作为一种新型水工结构型式，缺乏成熟的计算理论和方法，这都给预应力衬砌实际工程结构设计造成困难。预应力体系因沿程损失导致结构的力学模型呈非对称分布，难以通过解析方法直接进行应力应变分析，只能依靠数值模拟手段求解。

目前采用的衬砌计算方法，可分为两类：一类是将衬砌与围岩分开，衬砌上承受各项有关荷载，考虑围岩的抗力作用，假定抗力分布后按超静定结构计算衬砌内力。近年来普遍采用衬砌常微分方程边值问题数值解法，其计算机程序可用于计算多种洞形，抗力分布不作假定而是在计算中经迭代求出，这比以前研究方法更加合理。另一类是将衬砌和围岩作为整体进行计算，主要是有限元法或有限差分法。随着计算机技术和软件技术的发展，这种方法已经成为科技工作者进行科学研究、解决工程技术问题的强有力的工具。

数值计算方法几乎适用于求解任意复杂体型和边界条件的连续介质力学问题和场问

题，可以模拟出与实际结构几乎完全一致的力学模型。对于无黏结预应力环锚衬砌结构这种复杂结构，利用数值软件进行研究成为最常用的方法之一。

2.4.3 现场原位试验方法

现场原位试验方法是最具真实、最符合工程实际的方法，因实现难度较大，根据目前文献检索情况来看，国内外工程中均未在设计阶段开展此方法的应用，相关关键技术亟待解决。

第3章 无黏结预应力环锚衬砌结构
特点与工程设计

3.1 无黏结预应力环锚衬砌力学特性

3.1.1 环锚衬砌受力特点

无黏结预应力环锚衬砌的受力特点与其内部环锚荷载传递方式密切相关。常规预应力锚索是利用锚固端和张拉端的挤压作用使混凝土产生压应力，而无黏结预应力环锚是利用锚固端和张拉端合二为一的游动锚头把曲线状锚索封闭起来，通过"套箍效应"将锚索环向拉力转化为作用于锚索-衬砌交界面上的径向荷载，从而使混凝土产生预应力，如图3-1所示。

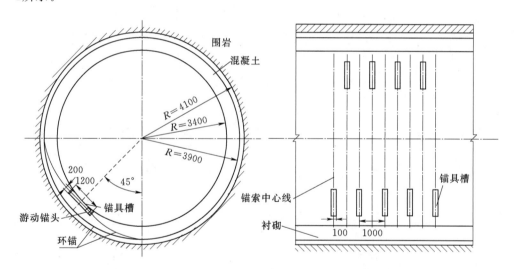

图 3-1　无黏结预应力环锚衬砌结构示意图（单位：mm）

为实现无黏结环锚在衬砌内部完成荷载传递，衬砌结构预应力体系实现方式如下：

（1）采用聚乙烯套管包裹钢绞线，以油脂或油性蜡填充内部空隙减小锚索摩阻，将锚索捆成束弯曲后绑扎于常规钢筋内侧或架立钢筋。

（2）预留锚具槽，把锚固端和张拉段锚索固定于槽内同一锚板。

（3）浇筑衬砌混凝土并养护到设计强度，采用穿心千斤顶对环锚分级张拉，环锚产生拉力后，紧紧套箍附近混凝土，使混凝土产生压应力。

（4）把锚固端和张拉端锚索锚固于游动锚头，利用套管和环氧树脂对裸露锚索防腐。

（5）在锚具槽回填微膨胀混凝土，让锚具槽具有一定的预应力，使环锚和混凝土形成圆滑、封闭的受力整体。

当衬砌产生预应力后，就可承受内水荷载，从而达到抗裂、抗渗的效果。而且，这种主动式预应力结构，不像灌浆式预应力衬砌那样需要围岩提供反力，可极大降低围岩荷载分担的比例和作用。

以双圈缠绕环锚为例，环向拉力荷载在衬砌内部作用方式见图 3-2（a），环向拉力荷载在衬砌混凝土和环锚交界面上会箍紧衬砌，转化为径向等效荷载见图 3-2（b），其中 u 为环绕角度。

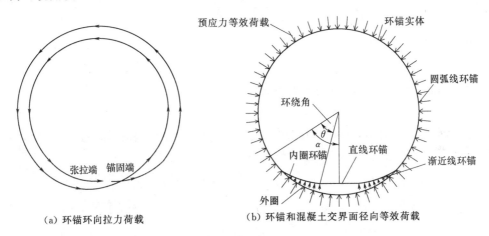

（a）环锚环向拉力荷载   （b）环锚和混凝土交界面径向等效荷载

图 3-2　衬砌内部无黏结预应力环锚荷载作用示意图

将预应力环锚和衬砌混凝土的传力特性抽象为图 3-3 所示的环锚衬砌微分单元体。环锚两端拉力分别为 T 和 $T+dT$，纵向加载宽度（环锚间距，图 3-3 中纵向方向）为 B，假定在微分单元体上混凝土应力分布均匀，法向预应力等效荷载为 P_p，微分单元中心夹角为 $d\theta$。根据法向力学平衡条件，可得

$$(2T+dT) \cdot \sin\left(\frac{d\theta}{2}\right) - r \cdot d\theta \cdot B \cdot P_p = 0 \quad (3-1)$$

对于无黏结环锚衬砌，环锚和混凝土间会设置聚乙烯套管并填充油脂，接触面摩擦系数一般小于 0.03。为简化计算，可忽略摩擦力（$F=0$，$F'=0$），认为 $dT=0$。若 $d\theta$ 足够小，将 $\sin\left(\frac{d\theta}{2}\right)$ 按泰勒级数展开，略去高阶微量，可取 $\sin\left(\frac{d\theta}{2}\right)=\frac{d\theta}{2}$，那么，简化式（3-1），可得到环锚衬砌等效预应力荷载可表达为

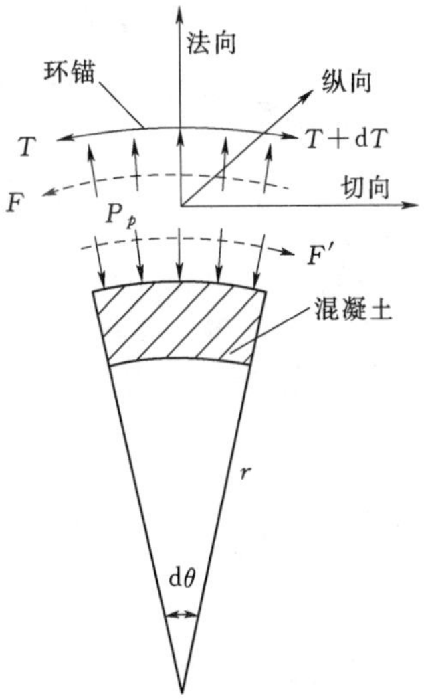

图 3-3　预应力环锚和混凝土相互作用微分单元体

$$P_p = \frac{T}{r \cdot B} \quad (3-2)$$

3.1.2　结构预应力损失

锚索的预应力损失量是影响衬砌混凝土整体预应力施加效果的重要因素，同时关系到张拉端预应力的取值。环锚预应力损失包括偏转器和千斤顶张拉摩擦损失、沿程摩擦损失、锚具回缩损失、钢绞线应力松弛损失、混凝土徐变引起的应力损失。

（1）张拉台座损失 σ_{l1}（包括偏转器和千斤顶摩擦损失，以及夹片损失等）：

$$\sigma_{l1}=\beta\sigma_{con} \tag{3-3}$$

式中：σ_{con} 为张拉控制应力，MPa；β 为损失系数。

则锚具端实际张拉应力 σ_1 取值为

$$\sigma_1=\sigma_{con}-\sigma_{l1} \tag{3-4}$$

（2）张拉力沿程损失 σ_{l2}（摩擦引起的预应力损失）：

$$\sigma_{l2}=\sigma_1\left[1-e^{-(kx+\mu\theta)}\right] \tag{3-5}$$

式中：x 为张拉端至计算断面的钢绞线长度，m；θ 为张拉端至计算断面的夹角，弧度，见图 3-4；μ、k 为钢绞线与 PE 套管的摩擦系数和偏差系数。

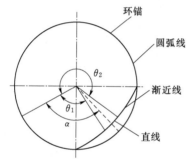

注：θ_1 和 θ_2 为第一、第二圈环锚张拉端至计算断面的夹角；α 为环锚位置至游动锚头中心的夹角。

图 3-4　环锚预应力沿程分布损失（σ_{l2}）计算示意图

（3）钢绞线回缩引起的应力损失 σ_{l3}：

$$\sigma_{l3}=2\sigma_{con}L_f\left(\frac{\mu}{R_3}+k\right)\left(1-\frac{x}{L_f}\right) \tag{3-6}$$

式中：L_f 为锚固回缩影响范围，计算公式如下：

$$L_f=\left[\frac{\Delta l\cdot E}{1000\sigma_1\left(\dfrac{\mu}{R_3}+k\right)}\right]^{\frac{1}{2}} \tag{3-7}$$

式中：Δl 为钢绞线锚固回缩值，取 3mm，两端为 6mm；R_3 为钢绞线的回转半径；E 为钢绞线的弹性模量，可取 195GPa。

（4）钢绞线应力松弛引起的应力损失 σ_{l4}：

当 $0.5f_{ptk}\leqslant\sigma_{con}\leqslant0.7f_{ptk}$ 时，

$$\sigma_{l4}=0.125\left(\frac{\sigma_{con}}{f_{ptk}}-0.5\right)\sigma_{con} \tag{3-8}$$

当 $0.7f_{ptk}\leqslant\sigma_{con}\leqslant0.8f_{ptk}$ 时，

$$\sigma_{l4}=0.2\left(\frac{\sigma_{con}}{f_{ptk}}-0.575\right)\sigma_{con} \tag{3-9}$$

当 $\sigma_{con}\leqslant0.5f_{ptk}$ 时，无黏结预应力筋的应力松弛损失值可取值为零。

式中：f_{ptk} 为钢绞线抗拉强度标准值。

（5）混凝土收缩、徐变引起的预应力损失。混凝土收缩、徐变引起的预应力损失为 σ_{l5}，即

$$\sigma_{l5}=\frac{25+\dfrac{220\sigma'_{pc}}{f'_{cu}}}{1+15\rho} \tag{3-10}$$

$$\rho' = \frac{A_p' + A_s'}{A_n} \tag{3-11}$$

式中：σ_{pc}' 为受压区预应力钢筋在各自合力点处的混凝土法向应力，MPa；f_{cu}' 为施加预应力时混凝土立方体抗压强度，MPa；ρ 为受控区无黏结预应力筋和普通钢筋的配筋率；ρ' 为受压区预应力钢筋和非预应力钢筋的配筋率；A_p' 为受压区预应力钢筋的截面积，mm^2；A_s' 为受压区非预应力钢筋的截面积，mm^2；A_n 为受压区混凝土的净截面积，mm^2。

对于高湿度环境的结构，σ_{l3} 的取值可按上述计算值降低 50%。在张拉阶段，不考虑钢绞线应力松弛引起的应力损失，也不考虑混凝土收缩、徐变引起的应力损失。因此，根据式（3-3）、式（3-5）、式（3-6），可得张拉阶段锚索有效张拉力沿程分布的计算公式为

$$\sigma_{有效} = \sigma_{con} - \sigma_{l1} - \sigma_{l2} - \sigma_{l3} = \sigma_1 \left[e^{-(kx+\mu\theta)} - 2L_f \left(\frac{\mu}{R_3} + k \right) \left(1 - \frac{x}{L_f} \right) \right] \tag{3-12}$$

对于双圈缠绕环锚衬砌，由于钢绞线是环绕衬砌双圈后在锚具槽锚固，因此，应该两圈分别计算，再将两圈合计。

第一圈：

$$\begin{cases} \sigma_{11} = \sigma_1 \left[e^{-(kx_1+\mu\theta_1)} - 2L_f \left(\frac{\mu}{R_3} + k \right) \left(1 - \frac{x_1}{L_f} \right) \right] & x_1 \leqslant L_f \\ \sigma_{11} = \sigma_1 e^{-(kx_1+\mu\theta_1)} & x_1 > L_f \end{cases} \tag{3-13}$$

第二圈：

$$\begin{cases} \sigma_{12} = \sigma_1 \left[e^{-(kx_2+\mu\theta_2)} - 2L_f \left(\frac{\mu}{R_3} + k \right) \left(1 - \frac{x_2}{L_f} \right) \right] & x_2 \leqslant L_f \\ \sigma_{12} = \sigma_1 e^{-(kx_2+\mu\theta_2)} & x_2 > L_f \end{cases} \tag{3-14}$$

两圈合计：

$$\sigma_{有效} = \sigma_{11} + \sigma_{12} \tag{3-15}$$

3.1.3 围岩和衬砌联合承载作用

对有压隧洞预应力环锚衬砌结构体系，在预应力、内水压力、外水压力、自重应力以及围岩压力的共同作用下，围岩与衬砌的联合承载特性比较复杂，围岩与衬砌的相互作用关系在施工期、运行期和检修期的不同阶段也会发生变化。

施工期，围岩受到卸荷作用，在施加衬砌后，衬砌与围岩相互挤压，共同承担围岩压力；施工期预应力施加过程中，环锚被千斤顶迅速张拉，衬砌内缩，中上部的衬砌逐渐与围岩脱开，随着张拉力不断增大，围岩和衬砌之间的缝隙张开度逐渐增加，然后，仅下半部衬砌与围岩有接触，衬砌仅承受自重应力、环锚预应力以及下部围岩支撑力，不再承担荷载；随着衬砌与围岩之间的缝隙回填灌浆（接触灌浆），此时围岩包裹衬砌，二者紧密贴合联合承载，然后，接触压力会随围岩应力释放而逐渐增大。

运行期，预应力环锚衬砌在内水荷载作用下原则上不产生裂缝，与限裂设计衬砌不

同，环锚衬砌不会出现因内外水头渗透力作用过强而与围岩脱开的情况，在各种压力共同作用下，围岩和衬砌会相互挤压联合承载，二者荷载分担与围岩和衬砌强度有关，当衬砌预应力足够时，围岩分担荷载很小。

检修期，随着内水压力消散，预应力衬砌再次发生内缩，之前处于塑性状态的围岩存在残余变形，卸荷后衬砌和围岩之间会出现微缝隙，二者局部处于脱开状态，衬砌主要受到预应力、外水压力以及自重应力作用，而围岩主要需要承受围岩压力。

3.2 无黏结预应力环锚衬砌结构体系

无黏结预应力环锚衬砌是将环形锚索首尾锚固在预留锚具槽内的同一游动锚板上，通过变角偏转器和千斤顶张拉使环锚挤压钢筋混凝土，让衬砌产生环向预应力，然后，采用微膨胀混凝土封闭锚具槽，从而使衬砌形成均匀预应力结构体系。因此，无黏结环锚和锚固系统是衬砌产生预应力的根源，张拉作用是赋予环锚预应力的能量来源，衬砌钢筋混凝土是实现结构预应力的载体，防腐系统是预应力环锚衬砌长期有效的保障。

鉴于此，可将无黏结预应力环锚衬砌结构体系划分为：锚固系统、环锚张拉系统、钢筋混凝土系统以及环锚防腐系统，各系统组成部分见图3-5。

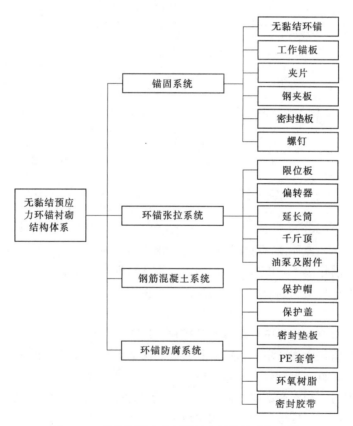

图3-5 无黏结预应力环锚衬砌结构体系组成图

3.2.1　锚固系统

无黏结预应力环锚锚固系统主要由无黏结环锚、工作锚板、工作夹片、密封垫板、钢夹板以及螺钉等组成。无黏结预应力环锚锚固原理示意图见图3-6。

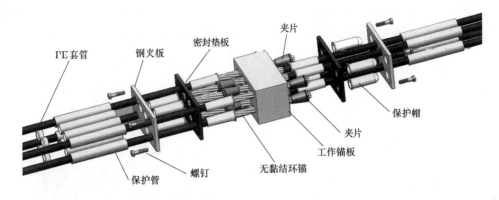

图3-6　无黏结预应力环锚锚固原理示意图

工作锚板是整个环形预应力体系张拉锚固的核心受力单元。施工中采用了固定端和张拉端合为一体的游动性锚板，它将张拉端锚孔设计在锚板中间，固定端锚孔设置在锚板的两侧。这种结构能使锚板的外形尽量紧凑，而且有利于预应力的均匀分布。环锚工作夹片是锚固系统的关键零件，需采用优质合金钢制造，其加工及热处理必须经过严格的控制。工作锚板上有锥孔，与夹片配合，利用锥孔的楔紧原理将锚索锚固，无黏结预应力锚固体系的工作锚板和工作夹片长期受荷载作用，保证其锚固有效性尤为关键。

无黏结预应力环锚一般采用7ϕ5mm高强低松弛钢绞线，需要符合国家标准《预应力混凝土用钢绞线》（GB/T 5224—2014）和美国标准ASTM *Standard Specification for Steel Strand，Uncoated Seven-Wire for Prestressed Concrete*（A416/A416M—2010），其主要参数见表3-1。

表3-1　　　　　　　　　　　　预应力钢绞线物理力学参数表

参　数	标准直径 /mm	标准强度 /MPa	截面面积 /mm²	单根破坏荷载 /kN	弹性模量 /MPa
符号	d	f_{ptk}	A_p	F_{ptk}	E_s
量值	15.24	1860	140	260.4	1.95×10^5

另外，国家标准要求无黏结预应力锚索PE套管厚度不小于1.5mm，偏差系数k不大于0.04，钢绞线和PE套管之间摩擦系数μ不大于0.1。

3.2.2　环锚张拉系统

合理、快捷和准确的环锚张拉是预应力环锚施工质量的重要保障，环锚张拉设备选取非常重要。环锚张拉系统主要由限位板、偏转器、延长筒、穿心千斤顶、油泵以及油表等机具组成（见图 3-7），图 3-8 是现场无黏结预应力环锚张拉系统工作图。

通过偏转器才能将环锚进行变角张拉，预应力的摩阻损失与偏转器关系密切。现场试验采用的偏转器是由多节段组合式优化为两段弯管式的钢制件结构，不仅易于拆装，而且大幅降低摩阻损失率。

穿心千斤顶是与预应力锚具配套使用的执行元件，油泵是与千斤顶型号相适应的动力源，现场张拉应依据"产品轻巧，易于施工"的原则。引松工程环锚选用 YCW-100B 型千斤顶和 ZB4-500 型油泵（图 3-9），设备参数见表 3-2 和表 3-3。

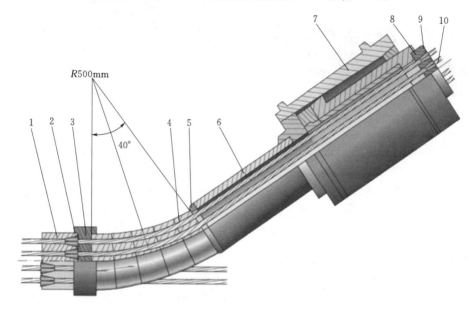

图 3-7　无黏结环锚张拉系统组件示意图

1—HM 锚板；2，9—夹片；3—限位板；4—偏转器；5—过渡块；6—延长筒；

7—千斤顶；8—工具锚板；10—钢绞线

图 3-8　现场无黏结预应力环锚张拉系统工作图

（a）穿心千斤顶　　　　　　　　　　（b）油泵

图 3-9　偏转器组件照片

表 3-2　　　　　　　　　　　YCWB 系列千斤顶参数

型号	张拉力 /kN	油压 /MPa	回程油压 /MPa	穿心孔径 /mm	行程 /mm	质量 /kg	主机外形尺寸 /mm
YCW100B	973	51	＜25	φ78	200	65	370×φ214
YCW150B	1492	50	＜25	φ120	200	108	370×φ285
YCW200B	1998	53	＜25	φ120	200	135	382×φ310
YCW250B	2480	54	＜25	φ140	200	164	380×φ344

表 3-3　　　　　　　　　　　ZB4-500 型油泵参数

型　号	额定压力 /MPa	标准流量 /(L/min)	重量/kg	外形尺寸 /mm
ZB4-500	50	2×2	120	745×494×1025

　　工程应用时，环锚衬砌张拉前应对千斤顶及油表进行率定。例如，编号分别为 YA0339-139 和 YA0145-626 的两部设备，校准结果见表 3-4 和表 3-5。

表 3-4　　　　　　　　　　　YA0339-139 千斤顶油表校准结果

荷载级别	指示器示值（F） /MPa	载荷（P） /kN	扩展不确定度 （Urel，$K=2$）	线性回归方程
1	10	183.40		
2	20	373.10		
3	30	566.80	0.42%	$F=0.0516P+0.6617$
4	40	760.60		
5	50	958.40		

表 3 – 5　　　　　　　　　　　　　YA0145 – 626 千斤顶油表校准结果

荷载级别	指示器示值（F）/MPa	载荷（P）/kN	扩展不确定度（Urel，K＝2）	线性回归方程
1	10	188.80		
2	20	381.30		
3	30	567.80	0.42%	$F=0.0526P+0.0478$
4	40	757.80		
5	50	950.90		

3.2.3　环锚防腐系统

用于防腐的 HDPE（高密度聚乙烯）防腐套管（见图 3 – 10）采用一种高分子材料制成，具有良好的防水防潮和耐腐蚀性。HDPE 塑料的物理力学性能指标见表 3 – 6。

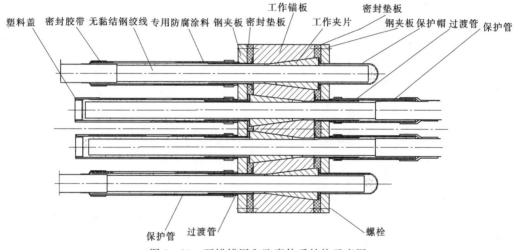

图 3 – 10　环锚锚固和防腐体系结构示意图

表 3 – 6　　　　　　　　　　　　　　　HDPE 防腐套管物理力学参数

序号	项　目	单位	指标	试验方法
1	密度	g/cm³	0.942～0.988	GB 1033
2	熔融指数	g/10min	0.20	GB 3682
3	拉伸强度	MPa	≥20	GB 1040
4	屈服强度	MPa	≥16	GB 1040
5	断裂伸长率	%	≥650	GB 1040
6	硬度	Shore D	≥60	GB 2411
7	抗张弹性率	MPa	≥50	GB 1040
8	冲击强度	(kg·cm)/cm	≥25	GB 1040
9	软化温度	℃	≥115	GB 1633
10	耐环境应力开裂性	h	≥1500	GB 1842
11	脆化温度	℃	≤－60	GB 5470
12	抗张强度保留率	%	≥80	GB 7141
13	伸长保留率	%	≥80	GB 7141

3.2.4 钢筋混凝土结构

预应力环锚衬砌钢筋混凝土可以与常规钢筋混凝土一致。例如，引松工程采用 Q235 钢材，主筋为直径 22mm 螺纹钢筋，箍筋为 18mm 直径螺纹钢筋。混凝土采用普通硅酸盐水泥，强度等级为 C40，轴心抗压强度设计值是 $19.1N/mm^2$，弹性模量为 32.5GPa。骨料采用二级配，混凝土的配合比设计见表 3-7。

表 3-7 环锚衬砌混凝土配合比设计

设计指标	水泥品种	砂率/%	坍落度	水胶比	混凝土材料用量/(kg/m³)						
					水泥	粉煤灰	砂	中石	小石	水	YL-5
C40F150W12	P.O42.5	42	179mm	0.32	352	88	695	576	384	141	5.28

注 1. 粗、细骨料均为饱和面干状态。
　　2. 粗骨料为二级配碎石（中石:小石＝60:40）。
　　3. 外加剂为 YL-5 高性能减水剂（液体），掺量为胶凝材料用量的 1.0%。
　　4. 混凝土含气量为 4.6%。

3.2.5 止水结构与材料

环锚衬砌通过设置施工缝使各试验段的环锚衬砌具有独立的力学特性。为保证环锚衬砌纵向的密封性，衬砌施工缝内设置橡胶止水带（规格：350mm×10mm）、闭孔泡沫塑料板，表面镶嵌双组分聚硫密封胶，示意图见图 3-11。

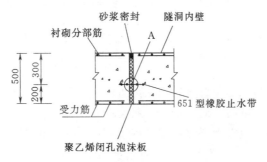

图 3-11 橡胶止水带设计示意图（单位：mm）

3.3 环锚衬砌结构设计

3.3.1 环锚缠绕方式

无黏结预应力环锚缠绕方式与结构力学特性密切相关，主要是指环锚层数和圈数的设置。

环锚层数是沿着衬砌厚度方向环锚的排数。实践上通常有单层缠绕和双层缠绕两种方式。单层缠绕方式是将环锚束全部布置于衬砌外侧，不设置内侧环锚束，同一层环锚布置数量较多，因考虑环锚束之间混凝土浇捣困难，就必须要增大环锚间距，其优点是环锚张拉力利用充分，预应力更大，并能够有利于减小衬砌厚度，降低工程造价。双层缠绕方式是将预应力环锚束分内侧和外侧两排布置，两排锚间距一般为 10～15cm，两排环锚束相平行，同时绑扎于两侧常规钢筋内侧，能够减小架立筋绑扎量，其缺点是内侧环锚束太靠近衬砌混凝土内侧，对预应力的贡献较小，而且两层环锚间混凝土振捣困难，衬砌必须预留足够厚度。环锚层数达到三层后，衬砌较厚，难以应用。

环锚圈数是环锚沿着衬砌环向的绕圈数量，单圈和双圈受力示意如图 3-12 所示。单圈缠绕方式环锚结构简单，容易施工。但由于预应力沿程损失作用，张拉端和锚固端预应力值明显较大，而远离张拉端和锚固端的预应力值较小，整体结构受力呈现非对称分布，较大程度上增加了衬砌上的弯矩。双圈缠绕方式环锚结构较复杂，要保证两圈环锚固定和穿插时定位精确，且必须交替顺序不能有误，其优点是衬砌结构预应力分布均匀，在锚具槽后部不存在预应力缺失。当环锚圈数达到三圈后，预应力损失较大，对材料利用率过低。

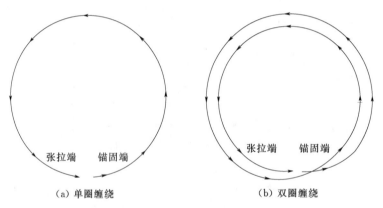

（a）单圈缠绕　　　　　　　　　　　（b）双圈缠绕

图 3-12　无黏结预应力环锚缠绕方式受力示意图

因此，综合考虑结构设计和材料利用率，适用于工程应用的无黏结预应力环锚缠绕方式主要是四种类型：单层单圈、单层双圈、双层单圈及双层双圈。

目前，已有的无黏结预应力环锚衬砌工程案例中，国外的瑞士 Grimsel Tailrace 压力隧洞和意大利 Presenzano 工程调压井主要采用单圈布置，国内的小浪底排沙洞（内水头120m）和大伙房输水工程均采用了双层双圈环锚缠绕方式，在建的引松工程有压输水隧洞最大内水头为 68m，采用了预应力利用效率更高的单层双圈环锚缠绕方式，如图 3-13所示。

3.3.2　锚具槽位置

张拉现浇预应力环锚衬砌只能在隧洞内进行，所以在衬砌混凝土浇筑之前要预先设置锚具槽，用于张拉和锚固环锚。锚具槽布置方式既会影响到衬砌预应力薄弱区域的分布状态和范围，又会影响到锚具槽内回填密实，因此，确定最优锚具槽位置是无黏结预应力混凝土衬砌结构设计的关键之一。

锚具槽在隧洞上部时，张拉设备难以固定安装，也无法正常回填锚具槽，因此，锚

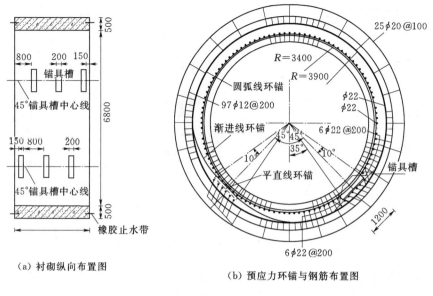

（a）衬砌纵向布置图
（b）预应力环锚与钢筋布置图

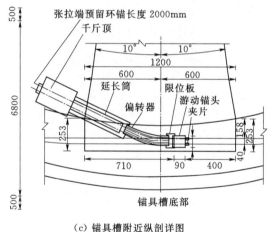

（c）锚具槽附近纵剖详图

图 3-13 引松工程单层双圈缠绕预应力环锚衬砌结构设计图（单位：mm）

具槽通常设置在衬砌底部或侧部，见图 3-14。锚具槽在隧洞底部时，结构预应力分布均匀性较好，但槽内易积水，且底部施工人员活动频繁，回填前锚具槽的凿毛会产生大量残渣，槽内易积累大量杂质、积水，回填时清理困难，而且采用微膨胀自密实混凝土填充锚具槽时，底部锚具槽不利于混凝土中气泡排出，在模板和混凝土界面积累大量气泡，拆模后回填混凝土表面孔洞非常多。锚具槽在隧洞侧部±45°交叉布置时，上半环衬砌预应力分布均匀，而下半环不均匀性较明显。不过从施工角度来看，仅架立锚具槽模板施工稍有不便，其他问题都能得到很好的解决，锚具槽侧部±45°交叉布置时有利于施工。

此外，锚具槽回填混凝土的密实性对锚具保护具有重要意义。由于锚具槽一般是倾斜布置的，模板的固定方式无法实现，只能采用人工振捣浇筑混凝土的方法，而在狭小的锚具槽内预应力筋和构造钢筋密集，回填混凝土的密实性很难保证。回填混凝土

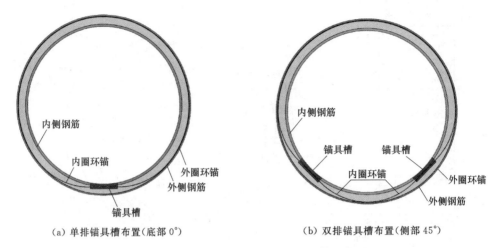

（a）单排锚具槽布置（底部 0°）　　　　（b）双排锚具槽布置（侧部 45°）

图 3-14　衬砌底部和侧部设置锚具槽示意图

与衬砌的黏结力一般非常差，很容易产生裂缝，这样预应力钢筋很可能暴露出来，防腐油脂有可能渗出，危及衬砌安全，影响内部水质；另外，锚具槽回填混凝土为自应力混凝土，通过自应力混凝土的膨胀作用在回填混凝土中产生相应预应力，可以改善锚具槽受力不利情况。

3.3.3　衬砌厚度

减少压力隧洞衬砌厚度，不仅能够降低工程造价，还能增加过水断面面积，提高输水隧洞运行效率。由于预应力环锚绑扎于非预应力钢筋内侧浇筑衬砌之中，当衬砌厚度在很小时，混凝土浇筑质量会受到影响，因此衬砌必须保持利于施工的厚度，一般衬砌厚度为 0.45～0.80m。

已有研究表明，环锚在衬砌中产生的环向压应力会随着衬砌厚度的增大而减小，也就是衬砌越薄，预应力效果越显著，但同时随着衬砌厚度的减小，同样内水压力产生的环向拉应力也相应变大。但超载水压条件下，衬砌厚度对预应力衬砌承载能力没有太大影响，主要是因为用于抵抗内水压力的衬砌预加应力最终来源于环锚张拉力，而衬砌厚度的变化主要影响到预加应力分布形态。

此外，环锚缠绕方式对衬砌厚度选择也有很大影响，无黏结预应力环锚衬砌结构采用单层双圈法预应力钢绞线环绕方式能够有效减小衬砌厚度。

3.3.4　环锚间距

无黏结预应力衬砌环锚结构是通过张拉钢绞线将环锚的环向拉力转换成衬砌混凝土的预压应力，以抵抗隧洞内水作用于衬砌表面的径向应力。预应力环锚被张拉后，沿着环锚束中心线向外延展，衬砌预压应力逐渐降低，因此，环锚间距对衬砌预压应力效果有很大影响。环锚间距不宜设置过大，以防衬砌纵向的预应力分布不均匀。通常随着环锚间距减小，预应力值逐渐增大，且间距越小，增大趋势越明显。此外，尽管环锚间距比较明显的改变了预应力值大小，但基本上不影响应力分布形态。

3.3.5 截面形状

无黏结预应力环锚混凝土衬砌内侧一般为圆形，而衬砌外侧可能因围岩超挖，断面形状近似马蹄形或三心拱，因此，实际环锚衬砌会出现外侧圆形、马蹄形、三心拱等断面形式，由于内侧断面接近一致，衬砌内部环锚布置方式可以不做改变。

环锚衬砌所承受的围岩压力、内外水压力以及环锚张拉力均接近中心对称分布，圆形衬砌横截面为典型中心对称，因此，圆形衬砌整体应力分布均匀性好于其他断面形状。不过，施加内水压力后，抵抗内水的能力最终来源于预应力锚索，采用同样的锚索布置形式，抵抗内水压力的能力和洞型基本无关，而锚具槽附近是衬砌薄弱环节，那么马蹄形或三心拱衬砌下部稍微厚一点，结构会反而更安全一些。考虑到马蹄形或三心拱衬砌需要大量增加混凝土的用量，圆形衬砌性价比更高。

第4章　引松工程引水隧洞预应力环锚衬砌设计方案

4.1　隧洞概况

4.1.1　引松工程总体布置

引松工程是从松花江丰满水库库区引水，解决吉林省中部地区城市供水问题的大型调水工程，是松辽流域水资源优化配置的主要工程之一。

引松工程总体布局主要由输水线路和配套的调节及连接建筑物等组成。包括一条输水总干线、一处分水枢纽、三条输水干线、干线末端三个调节水库、十二条输水支线、支线七个调节（检修）水库和各线路上相应交叉及附属建筑物。

输水线路总长 634.96km，包括输水干线和输水支线。输水干线包括总干线、长春干线、四平干线和辽源干线。输水支线为从干线或调节水库至各水库或供水城市的线路。输水干线线路全长 263.45km。其中隧洞长 133.98km，管线 PCCP（钢管、现浇涵）长 129.47km。输水支线全长 371.51km。其中隧洞长 21.22km，管线长 350.29km。

4.1.2　工程地质条件

4.1.2.1　区域工程地质

引松工程总干线工程区位于松辽平原东南侧，区内地势总体上为两侧高、中间低、东北高、西南低。地貌单元主要有河谷堆积地形（漫滩阶地）、剥蚀堆积地形（波状台地）和构造剥蚀地形（中低山丘陵）。区内海拔高度一般为 $200\sim400$m，最高峰在丰满水库附近，海拔 934.2m。河谷海拔一般为 200m 左右，在山区和丘陵区，山脊以浑圆状或宽缓状无较大起伏为主要特征。区内自然植被不发育，多为次生林及人工林。

该工程水系主要为松花江水系，主要河流有温德河、岔路河、饮马河。河流流速一般不大，水位季节性变化大，其支流密如蛛网，地形多遭切割。

按地层区划，区内地层属松花江区（Ⅰ）、松辽平原分区（I_4）之绥化-农安小区（I_4^4）和吉林-延边分区（I_9）之吉林小区（I_9^1）。区内地层出露较齐全，古生界、中生界、新生界均有出露。

本区下古生界主要分布在线路中南部和北部，有寒武-奥陶系呼兰群，志留系上统张家屯组等，分布范围有限。

上古生界地层主要分布在线路首部和尾部，有泥盆系中下统常家街-碱草甸组、石炭系下统鹿圈屯组、中统磨盘山组、上统石咀子组、二叠系下统大河深组、范家屯组、程家屯组、上统郭家屯组、霍家屯组、杨家沟组。其中以二叠系范家屯组分布最多，为滨海-

浅海环境沉积的砂岩、砾岩、粉砂岩、灰岩等。

中生界分布较为零散，有三叠系小蜂蜜顶子组，侏罗系下统南楼山组、小蜂蜜顶子组、板石顶组、太阳岭组，上统安民组、苏密沟组，白垩系泉头组。其中白垩系泉头组分布最广，为一套红色的粗碎屑岩，向盆地内部，夹有浅色粗、细碎屑岩-泥岩、砂岩、砂砾岩，其次三叠系小蜂蜜顶子组、侏罗系安民组在线路起始段分布较多，分别为一套中性-中酸性火山岩-安山岩、流纹质凝灰岩等、火山碎屑岩夹火山碎屑沉积岩和一套酸性火山岩-凝灰岩夹粉砂岩、安山岩等，局部夹煤层。

新生界在工作区分布最广，主要分布于长春、伊通、双阳等地。有始-渐新统舒兰组、水曲柳组，第四系下更新统白土山组、中更新统荒山组，上更新统顾乡屯组及第四系全新统。其中中更新统及全新统分布最广，中更新统为冲洪积堆积黄土状黏土、壤土及砂砾石等，主要组成波状台地，全新统沉积物一般具有二元结构，上部为黏性土，下部为砂砾石等。

区内岩浆活动主要经历四个活动期，即加里东期、华力西期、印支期和燕山早期等。加里东及印支期岩浆活动部发育，零星分布，而华力西期和燕山早期岩浆活动频繁，规模较大，产生的岩石类型也较多，其中，燕山早期花岗岩及华力西晚期花岗岩分布最广。

大地构造上，工程区位于Ⅰ级构造单元吉黑褶皱系（Ⅲ），Ⅱ级构造单元吉林优地槽褶皱带（Ⅲ$_2$），Ⅲ级构造单元吉林复向斜（Ⅲ$_2^2$），上叠盆地伊兰-伊通盆地。

工程区没有对工程具有深远影响的深大断裂（壳断裂、岩石圈断裂通过），结构面以Ⅱ～Ⅴ级为主，区域构造相对稳定。

据《吉林省中部城市引松工程场地地震安全性评价项目报告》，工程区50年超越概率5%和10%的基岩水平地震动峰值加速度为0.05g和0.10g，相应地震基本烈度为Ⅵ度和Ⅶ度区。

根据岩石地层结构及其水里性质、水力特征，工程区地下水类型主要有松散岩类孔隙水和基岩孔隙裂隙水。其中前者包括砂砾石、砾卵石孔隙潜水和黄土状土和砂层孔隙潜水；后者包括碎屑岩类孔隙裂隙水、碳酸盐岩类岩溶裂隙水和结晶岩类裂隙水。

4.1.2.2 隧洞围岩工程地质分类

隧洞围岩工程地质分类是按照《水利水电工程地质勘察规范》（GB 50487—2008）围岩工程地质分类标准并参考相关规范，同时参考地区经验进行划分的。

隧洞围岩分类汇总见表4-1。根据围岩分类结果，综合分析工程区的工程地质条件并参考有关资料，提出供设计进行围岩支护设计参考使用的有关岩石、岩体物理力学参数见表4-2。

4.1.2.3 岩土物理力学性质和参数

隧洞围岩主要以中硬-坚硬岩为主，线路末端双阳一带穿越软岩。岩土主要物理力学指标试验及取值，对于物理指标采用统计修正后平均值作为标准值；对试验得到的岩块饱和强度及抗拉强度进行数学统计分析，对得到的标准值根据试件完整性、RQD、物探波速及井下电视实际观测情况进行复核，结合工程类比法综合确定相应参数；对岩体单位弹性抗力系数及坚固系数结合具体工程地质条件并参考国内、省内工程经验采用类比法给出；对于岩体模量、泊松比等指标，参考岩块指标依据地质条件进行折减给出；波速采用实测值。

主要岩石物理及力学性质指标建议值见表4-3。

表 4-1　　　　　　　　　　　　　　隧洞围岩分类汇总表

洞序号	围岩类别											
	Ⅱ			Ⅲ			Ⅳ			Ⅴ		
	长度/m	总长/m	百分比/%	长度/m	总长/m	百分比/%	长度/m	总长/m	百分比/%	长度/m	总长/m	百分比/%
1	15354.6	71976.7	21.3	42058.7	71976.7	58.5	11467.4	71976.7	15.9	3096	71976.7	4.3
2				1511	5277	28.6	1548	5277	29.4	2218	5277	42.0
3										703		100
4										993		100
5										1082		100
6										990		100
7		330		861	38.3		531	861	61.7			
8				562.6	1633	34.5	297.4	1633	18.2	773	1633	47.3
9				1868	4229	44.2	1159	4229	27.4	1202	4229	28.4
10	1663.6	9862.8	16.9	6222	9862.8	63.1	1257.2	9862.8	12.7	720	9862.8	7.3
总计	17018.2	97607.5	17.4	52222.3	97607.5	53.5	16059	97607.5	16.5	12308	97607.5	12.6

表 4-2　　　　　　　　　　　　　　隧洞围岩地质设计指标建议值

围岩类别	围岩岩性	单位弹性抗力系数 k_0/(MPa/cm)	坚固系数 f	天然密度 ρ/(g/cm³)	岩块饱和抗压强度 R_b/MPa	岩块抗拉强度 σ_t/MPa	岩体摩擦系数 f'	岩体内聚力 c'/MPa	岩体变形模量 E_{50}/GPa	泊松比 μ	岩体纵波速 V_p/(m/s)
Ⅱ	花岗岩、石英闪长岩、闪长岩、砂岩（$P_1 f$）、安山岩（$J_1 n$）	50～80	7～8	2.62～2.75	80～130	5～8	1.3～1.4	1.8～2.0	7～20	0.22～0.25	＞4500
	砂砾岩（$P_2 y$）、凝灰岩（$J_1 n$）、灰岩（$C_{1-2 m}$）、凝灰岩（$P_1 f$）	40～50	6～7	2.60～2.70	60～80	4～6	1.2～1.3	1.7～1.8	10～15	0.20～0.25	4000～4500
Ⅲ	花岗岩、石英闪长岩、闪长岩、钠长斑岩、砂岩（$P_2 y$）、砂岩（$P_1 f$）、安山岩（$J_1 n$）、安山岩（$J_3 - K_1 j$）	30～50	4～7	2.60～2.65	60～80	4～5	1.1～1.2	1.3～1.5	8～10	0.26～0.28	3000～4500
	砂砾岩（$P_2 y$）、凝灰岩（$J_1 n$）、灰岩（$C_{1-2 m}$）、灰岩（$D_{1-2} cj$）、凝灰岩（$P_1 f$）、灰岩（$C_1 l$）、凝灰质砂岩（$C_1 l$）、凝灰岩（$J_3 a$）、凝灰岩（$C_1 y$）、流纹质凝灰岩（$C_1 y$）、凝灰岩（$T_3 x$）、安山质凝灰岩（$J_3 a$）	20～30	3～5	2.40～2.60	40～60	2～4	0.8～1.0	0.7～1.0	5～8	0.26～0.30	3000～4000
Ⅳ		5～10	2～3	2.20～2.40	10～30	0.5～1	0.6～0.7	0.3～0.5	2～4	0.3	1000～2500
Ⅴ		＜5	0.5～1	2.00～2.20	＜5	＜0.3	0.3～0.4	0.05～0.1	0.2～2	0.35	＜1000

注　在下述条件下可不考虑围岩抗力或取低值：①围岩厚度小于3倍隧洞开挖直径；②围岩厚度小于0.5～0.6倍内水压力水头；③围岩在内水压力作用下可能产生破坏。

表 4-3 主要岩石物理及力学性质指标建议值

桩号	地层代号	岩性名称	颗粒密度/(g/cm³)	密度/(g/cm³) 干	密度/(g/cm³) 饱和	吸水率/% 自然	吸水率/% 饱和	抗压强度/MPa 干	抗压强度/MPa 饱和	软化系数	抗拉强度/MPa	弹性模量/10⁴MPa	泊松比	变形模量/10⁴MPa	抗剪强度 凝聚力/MPa	抗剪强度 内摩擦角/(°)	石英含量/%	备注
46+700~50+179	δo_5^2	石英闪长岩	2.75	2.70	2.72	0.23		135.1	100.0	0.74	8.0	7.0	0.21	5.5	8.0	52	22	0622蚀变
50+179~56+200	γ_5^2	花岗岩	2.64	2.60	2.61	0.39		60.0	36.0	0.60	6.0	2.9	0.22	2.0	8.0	50		
50+179~56+200	γ_5^2	花岗岩	2.69	2.66	2.68	0.72		142.8	90.0	0.63	6.0	2.0	0.30	1.0	5.0	45	34	
58+970~60+220	$C_1 l$	凝灰质砂岩	2.66	2.60	2.62	0.46	0.48	96.8	60.0	0.62	2.5	2.0	0.29		6.0	50		
60+220~62+374	$T_3 x$	凝灰岩	2.75	2.70	2.70	0.14	0.18	90.9	60.0	0.66	4.0	6.3	0.24	3.5	4.5	50	15	微风化
62+374~63+884	δ_4^3	闪长岩	2.72	2.70	2.72	0.23	0.26	120.5	100.0	0.83	5.0	5.0	0.23	3.0	4.0	45	16	
63+884~71+046	$C_{1-2} m$	灰岩	2.70	2.70	2.71	0.29		106.6	80.0	0.75	3.0	4.5						
65+978~67+913	$D_{1-2} cj$	灰岩	2.65	2.65	2.68	0.32	0.29	85.7	60.0	0.70								
71+466~71+855	$J_3 a$	凝灰岩	2.60	2.61	2.62	0.26	0.29	75.0	60.0	0.79	4.0	3.5	0.26	2.0	6.0	41	12	微风化
75+090~76+548	$J_3 a$	安山质凝灰岩	2.65	2.56	2.57			100.0	70.0	0.70	2.0	1.4	0.23	0.5	2.5	38		
90+508~91+369	$K_1 q$	砂岩	2.60		2.60			69.0	45.0	0.65	3.0	2.0	0.20					
93+327~94+114	$J_3-K_1 j$	安山质灰岩	2.65	2.40	2.42	0.68	0.74	108.1	80.0	0.74	2.0	4.0	0.26	3.0	4.0	40		
95+700~99+076	$C_1 l$	灰岩	2.62	2.60	2.64	0.15	0.19	111.1	80.0	0.72	5.0	2.9	0.24	1.8	8.0	50		
108+935~109+565.8	γ_4^3	花岗岩	2.71	2.59	2.60	0.14	0.18	109.5	80.0	0.73	4.8	3.0	0.20	2.0	10	58		
0-283.9~2+250	$P_2 y$	砂砾岩	2.72	2.69	2.70	0.09		50.0	35.0	0.70		4.0	0.23	3.0				垂直片理
2+250~5+000		砂岩	2.72	2.68	2.70	0.25		55.6	40.0	0.72	3.5	2.0	0.22	1.5	5.0	54	38	平行片理
5+000~7+770	$P_1 f$	砂岩	2.80	2.68	2.78	0.05		141.0	100.0	0.71		7.0	0.30	6.9				
7+770~13+013	γ_5^2	花岗岩	2.66	2.75	2.66	0.23	0.26	111.1	90.0	0.81		4.5	0.17	3.8				灰白色
13+013~20+952	γ_5^2	花岗岩	2.64	2.65	2.63	0.21	0.25	115.4	90.0	0.78		5.0	0.20	3.6			35	肉红色
20+952~26+431	$J_1 n$	凝灰质	2.68	2.62	2.67	0.14	0.17	80.5	70.0	0.87		5.0	0.24	3.5	6.0	48		角岩化
26+431~27+891	$P_1 f$	安山岩	2.86	2.84	2.85	0.19	0.22	89.3	88.7	0.99	4.0		0.23					岩性穿插
29+050~34+340	$J_1 n$	灰岩	2.74	2.70	2.72	0.33		102.5	70.0	0.78		2.0	0.20	1.0	8.0			
34+340~37+623	γ_5^2	花岗岩	2.65	2.63	2.64	0.26		206.3	130.0	0.63	8.0	5.4	0.23	4.0	11.0	54	37	
37+623~38+963	$J_1 n$	凝灰岩	2.60	2.55	2.60	0.50	0.72	45.0	35.0	0.78								T0902
38+963~44+329	$J_1 n$	安山岩	2.65	2.62	2.64	0.47		108.1	80.0	0.74	6.0	2.0	0.22	4.0	10.0	50	43	
45+246~46+700	$P_1 f$	凝灰岩	2.71	2.69	2.71	0.25		94.0	75.0	0.79		5.0		5.0				
46+700~50+179	δo_5^2	石英闪长岩	2.63	2.59	2.61	0.80		78.1	50.0	0.64								0618蚀变

4.2　预应力环锚衬砌段设计方案

引松工程初步设计阶段输水总干线隧洞无黏结预应力混凝土衬砌段分布桩号及特性见表 4-4。

表 4-4　　　　　　引松工程总干线隧洞预应力混凝土衬砌分段特性表

序号	桩　　号	长度 /m	洞径 /m	施工方法	最大内水水头 /m	埋深 /m
1	21+963～22+263	300	6.8	TBM	40	31～41
2	23+099～24+478	1379	6.8	钻爆	40	16～67
3	66+107～66+390	283	6.8	TBM	55	38～58
4	66+390～66+874	484	6.8	钻爆	55	25～38
5	66+874～67+026	152	6.8	TBM	55	31～47
6	73+411～73+814	403	5.1	钻爆	68	8.5～53
7	75+515～76+201	686	5.1	钻爆	67	25～57
8	76+546～78+688	2142	5.1	钻爆	67	18～54
9	80+466～81+169	703	5.1	钻爆	62	17～29
10	83+889～84+882	993	5.1	钻爆	62	12～27
11	85+500～86+582	1082	5.1	钻爆	62	11～30
12	86+993～87+983	990	5.1	钻爆	61	10.5～24
13	90+508～91+369	861	5.1	钻爆	61	16～27
14	92+605～94+238	1633	5.1	钻爆	52	7～47
15	94+847～96+650	1803	5.1	钻爆	52	12～46
16	98+376～98+610	234	5.1	钻爆	52	37～56
17	98+760～99+076	316	5.1	钻爆	52	12～40
18	99+703～99+935	232	5.1	钻爆	52	14～48
19	100+250～100+330	80	5.1	钻爆	52	32～40
合计		14756				

引松工程总干线压力隧洞预应力衬砌段总长 14.756km，是目前国内外最长预应力衬砌压力隧洞。引松工程环锚衬砌隧洞的结构特征为：采用高强度无黏结低松弛 1860 级 $4\times\phi15.2$ 钢绞线，公称截面面积 $A_p=4\times140mm^2$。环锚间距为 500mm（或 450mm），环锚环绕方式为单层双圈，此种环绕方式目前为世界首例。

采用 4 孔锚具，锚固端和张拉端各设 4 个锚孔，4 根预应力钢绞线从锚固端起始至混凝土衬砌内部外侧，与衬砌外层钢筋绑扎在一起，沿外层圆周环绕 2 圈后进入混凝土衬砌内侧张拉端。锚具槽长度为 1.20m，中心深度为 0.20m，宽度为 0.20m（图 4-1）。预应力结构试验将对锚具槽布置位置（沿洞底 0°和左右 45°交叉）、衬砌厚度（45cm 和 50cm）、锚具槽间距（45cm 和 50cm）进行对比，根据试验情况选取最优组合。

非预应力钢筋在衬砌内布置两层，分别距衬砌内、外侧 5cm，内、外层环向非预应力筋布置为直径 22mm@200mm，沿洞轴向分布筋布置为直径 12mm@200mm。锚具采用 4

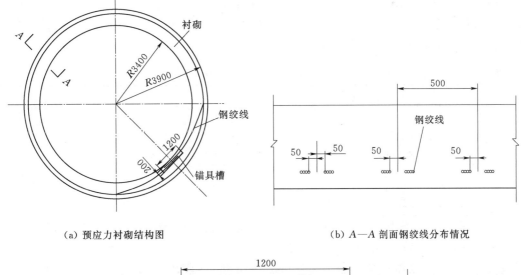

（a）预应力衬砌结构图 　　　　　　　　　（b）A—A 剖面钢绞线分布情况

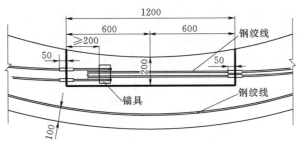

（c）锚具槽位置剖面图

图 4-1 引松供水工程环锚衬砌结构图（单位：mm）

孔环型锚具，使用专用偏转器变角，OVM 公司配套张拉设备施加预应力。无黏结钢绞线采用 PE 套管内充专用油脂包裹，张拉完成后的槽内环形锚具和钢绞线采用 OVM 锚具防腐系统进行防护。

4.3 预应力环锚衬砌试验段设计方案

引松工程开展了 18m 长的原位试验，试验段里程桩号为 24+235～24+253，为典型的Ⅳ类和Ⅴ类围岩交界处。试验段 18m 分为 4 个浇筑段，采用小模板浇筑混凝土，4 段编号为 N1～N4（图 4-2），其中 N1 和 N2 各为 6m，N3 和 N4 各为 3m，N3 段为内水压力

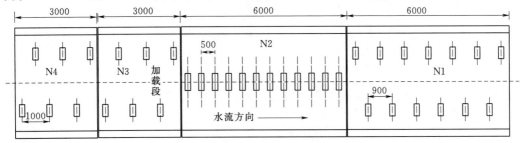

图 4-2 原位试验段分段图（单位：mm）

加载段。大面积正式施工时，每 12m 为一个浇筑段，采用台车浇筑。试验段因需进行无水加载试验，为保证加载安全及费用控制，加载长度定为 3m。同时为满足不同设计参数的对比，试验段最终各段设计参数见表 4-5。

表 4-5　　　　　　　　　　　　试验段各段设计参数表

分段	锚具槽位置	衬砌厚度/cm	洞径/m	环锚间距/m	围岩类别
N1	45°交叉双排	50	6.8	0.45	V
N2	0°底部单排	50	6.8	0.50	V
N3	45°交叉双排	45	6.9	0.50	V
N4	45°交叉双排	50	6.8	0.50	IV

N1~N4 各段之间按顺序进行施工，即 N1 先进行预应力结构铺设，然后浇筑混凝土，再依次进行 N2~N4 段的结构铺设。分段之间设立止水带。每段都单独受力，相互之间不传递力。N1 和 N2 段主要解决施工工艺问题，N3 和 N4 段在 N1 和 N2 试验结果的基础上进行结构优化，并对衬砌结构及内部锚索进行应力状态监测。现场试验是在 N1 和 N2 施工经验的基础上，选取 N3 和 N4 两个浇筑段进行张拉施工分析，再将 N3 和 N4 的经验推广到大面积施工段。

第5章　环锚衬砌预应力损失与确定方法

5.1　引言

有黏结预应力和无黏结预应力环锚最核心的差别就在于预应力筋的摩擦损失。对于有黏结预应力锚索，由于锚索和混凝土之间是有黏结的，这就使得锚索在沿程有很大的应力损失，在隧洞结构中就必须设置较多的锚具槽，以防止由于锚索较长应力损失过大。对于单层双圈有黏结预应力环锚衬砌这种结构，由于环锚在衬砌外绕了两圈，如果使用有黏结预应力筋会使得摩擦应力损失过大，从而起不到预加应力的效果。而无黏结预应力锚索，由于锚索和混凝土之间是"无黏结"的，允许滑移，这就使得锚索的沿程应力损失较小，使得预应力环锚衬砌结构成为可能。

环锚的预应力损失量是影响衬砌的混凝土整体预应力施加效果的重要因素，也涉及张拉端预应力的取值问题。环锚预应力损失包括偏转器和千斤顶张拉摩擦损失、沿程摩擦损失、锚具回缩损失、钢绞线应力松弛损失、混凝土徐变引起的应力损失。虽然设计规范给出了一些建议的取值范围，但基于对实际工程质量保证和施工控制的需要，以及在不同工程中预应力损失差别较大的事实，在预应力张拉前，需要对同一工地同一施工条件下的预应力损失进行实际测定，检验设计所取计算参数是否合理。防止实际预应力损失偏小，给结构带来安全隐患，同时为施工提供可靠、准确的张拉控制应力和锚索伸长量。

5.2　环锚衬砌预应力损失表征与确定方法

5.2.1　规范建议预应力损失计算公式

《无黏结预应力混凝土结构技术规程》（JGJ 92—2016）对无黏结锚索预应力损失表征与计算方法进行了规定。

无黏结预应力筋的有效预应力 σ_{pe} 应按式（5-1）计算。计算时，无黏结预应力筋总损失值不应小于80MPa。

$$\sigma_{pe} = \sigma_{con} - (\sigma_{l1} + \sigma_{l2} + \sigma_{l4} + \sigma_{l5}) \tag{5-1}$$

式中：σ_{con} 为无黏结预应力筋张拉控制力；σ_{l1} 为张拉端锚具变形和无黏结预应力筋内缩引起的预应力损失；σ_{l2} 为无黏结预应力筋与护套壁之间的摩擦引起的预应力损失；σ_{l4} 为无黏结预应力筋的应力松弛引起的预应力损失；σ_{l5} 为混凝土的收缩、徐变引起的预应力损失。

实际计算时，摩擦系数（包括偏差系数 k 和摩擦系数 μ）可以按表5-1取值，大直径钢绞线宜实测确定。

表 5-1　　　　　　　　　　　　　　　无黏结预应力钢绞线的摩擦系数

无黏结预应力筋	k	μ
$d \leqslant 15.2$mm 的钢绞线	0.004	0.09

5.2.2　预应力损失参数建议取值

如前所示，对无黏结预应力锚索的沿程摩阻损失，通常用钢绞线和 PE 套管的偏差系数 k 和摩擦系数 μ 来表示。国内外针对这两个参数，不同的研究机构都做过相应的试验研究，但由于在试验采用涂料、防腐油脂材料和试验方法的不同，以及所选用的横截面的不同，试验得到的建议摩擦损失参数也不同。国内外研究机构通过试验得到的无黏结预应力摩擦系数见表 5-2。

表 5-2　　　　　　　　　　　　　　　　无黏结预应力摩擦系数

单位名称	涂料	包物和成型方法	钢材种类	k 值	μ 值
建研院结构所	建筑油脂	聚乙烯套管挤出成型	$7\phi5$ 钢丝	0.0030	0.04~0.08
北京市建工科研所	建筑油脂	聚乙烯套管	$7\phi5$ 钢丝	0.0031	0.07~0.08
日本川端义则	润滑油脂	聚乙烯套管	$7\phi4$ 钢绞线	0.0018	0.05~0.16
ACI	沥青	—	钢丝或钢绞线	0.0033~0.0066	0.05~0.15
ACI	油脂	—	钢丝或钢绞线	0.001~0.0066	0.05~0.15
PCI，PTI	油脂	包缠	钢绞线	0.0030	0.07
PCI，PTI	油脂	聚乙烯低摩擦材料，挤出成型	钢绞线	—	0.05

通过室内或现场试验可实测无黏结预应力锚索的摩擦系数值，并得到无黏结预应力锚索的摩擦系数与荷载持续时间、张拉力的关系，以及张拉的次数对摩擦损失的影响。由于在大部分工程中结构所受到的荷载都很大，需要一束锚索来抵抗外荷载，所以对多根锚索的摩擦损失也需要进行试验测定。大量试验结果表明，无黏结预应力钢绞线与护套壁之间的摩擦系数 μ，主要取决于总角度 θ 值。综合国内外大量试验，正摩擦系数、反摩擦系数及考虑无黏结预应力钢绞线护套壁每米长度局部偏差对摩擦的影响系数 k 的试验值和建议值采用表 5-3 所示，采用挤压涂塑工艺制作的锚索无黏结预应力筋，设计中可取 $\mu=0.012$、$k=0.0007$。

表 5-3　　　　　　　　　　　　　　　摩擦系数参考值

单根束或成组束	正摩擦系数 $\mu_正$		反摩擦系数 $\mu_反$		建议采用值		k
	波动范围	平均值	波动范围	平均值	μ	μ'	
单根	0.0038~0.008	0.005	0.0032~0.0082	0.0054	0.01	0.01	0.0007
成组	0.0039~0.004	0.004	0.0051~0.0065	0.0058	0.01	0.01	0.0007

已有研究结果表明预应力的张拉力与摩擦系数之间有存在函数关系，摩擦系数会随着张拉力的增加而减小。当张拉力达到钢绞线极限强度的 70% 左右范围内时，摩擦系数基

本就不受张拉力影响了。在实际工程设计中，无黏结预应力的张拉力一般都取钢绞线极限强度的 75%，故可以不用考虑张拉力对摩擦系数的影响。同时张拉后持荷时间也对摩擦损失有影响，当无黏结预应力钢绞线持荷 1~3min，摩擦损失量值逐渐趋于稳定，降低约 10%。这表明持荷加载一段时间对摩擦损失的影响是有利的。

5.2.3　预应力损失参数试验测定方法

无黏结预应力锚索摩阻测试包括钢绞线摩阻、偏转器摩阻测量两部分。虽然设计规范给出了一些建议的取值范围，但基于对实际工程质量保证和施工控制的需要，以及在不同工程中其摩阻系数差别较大的事实，在预应力张拉前，需要对同一工地同一施工条件下的摩阻系数进行实际测定，从而为张拉时张拉力、伸长量等的控制提供依据。

5.2.3.1　预应力环锚沿程损失参数测定

采用主被动千斤顶测试方法，使用锚索测力计测取锚固端和张拉端的拉力，使用千斤顶油压表测定校核。如图 5-1 所示，环锚两端作用力用来测试单根钢绞线摩擦系数和偏差系数。为减少测试误差，采用固定端和张拉端交替张拉的方式进行，即测试过程中完成一端张拉后进行另一端的张拉测试，重复进行 3 次，每束预应力筋共进行 6 次张拉测试，取其平均结果。测试试验过程中应均匀连续地张拉预应力筋，中途不宜停止，防止预应力筋回缩引起的误差。千斤顶安装时应确保其中轴线与预应力筋的中轴线重合。

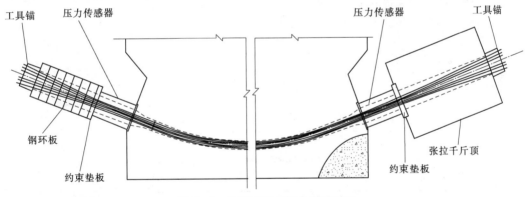

图 5-1　环锚预应力损失测试原理

单根曲线锚索张拉荷载分级见表 5-4。

表 5-4　　　　　　　　　　　　　　单根曲线锚索张拉荷载分级

级别	比例	百分比/%	拉力/kN	油表理论值/MPa
1	0.05	5	9.765	0.50
2	0.15	15	29.295	1.55
3	0.25	25	48.825	2.55
4	0.5	50	97.65	5.15
5	0.75	75	146.475	7.70
6	1	100	195.3	10.30

采用二元线性回归法计算 μ、k 值。分级测试预应力束张拉过程中张拉端与锚固端的荷载，并通过线性回归确定张拉端和锚固端荷载的比值，然后利用二元线性回归的方法确定预应力锚索的 μ、k 值。二元线性回归法是建立在数理统计基础上的计算方法，如果原始数据离散性大，则计算结果不稳定，任意增加或减少几组数据会造成结果的较大变动，反之则可证明原始数据的稳定性，只有原始数据稳定可靠的情况下计算值才精确。

5.2.3.2　偏转器摩阻损失参数测定

在得到钢绞线 μ、k 值后，在此基础上进行偏转器摩阻损失试验。测试原理如图 5-2 所示。在水平钢绞线端部加上偏转器再重复以上试验步骤，油压表和锚索测力计拉力差值即为偏转器损失与钢绞线损失之和。根据前面的钢绞线 μ、k 值计算出钢绞线损失，即可得到偏转器的摩阻损失。

偏转器摩阻损失试验具体测试步骤如下：

（1）将张拉端张拉至控制设计荷载。设张拉端油压表读数为 P_1 时，锚固端相应读数为 P_2，则偏转器和钢绞线摩阻损失为

$$\Delta P = P_1 - P_2 \tag{5-2}$$

以张拉力的百分率表示的偏转器和钢绞线摩阻损失为

$$\eta = \frac{\Delta P}{P_1} \times 100\% \tag{5-3}$$

（2）调换张拉端和锚固端，同样按上述方法进行三次，取平均值。

（3）两次的 ΔP 和 η 平均值，再予以平均，即为测定值。

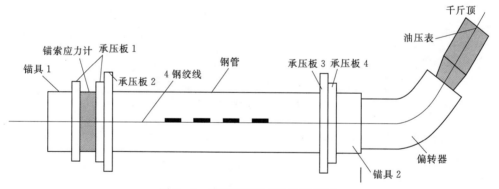

图 5-2　偏转器摩阻损失测试原理

4 根为一束的环锚张拉荷载分级见表 5-5。

表 5-5　　　　　　　　　　　　　4 根为一束环锚张拉荷载分级

级　别	比　例	百分比/%	拉力/kN	油表值/MPa
1	0.05	5	39.06	2.00
2	0.15	15	117.18	6.25
3	0.25	25	195.3	10.25
4	0.5	50	390.6	20.50
5	0.75	75	585.9	31.0
6	1	100	781.2	41.25

5.3 基于环锚模型结构试验的预应力损失参数测试

5.3.1 模型试验方案

无黏结环锚预应力损失参数测量模型如图5-3所示。模型设立单束曲线锚索7根，用于测试单根钢绞线的摩擦系数及空间曲线的摩阻损失。模型上方设置二个锚具槽，设置三组环锚，用于测定千斤顶和偏转器摩阻损失。安装前后模型试验平台现场见图5-4和图5-5。

检测使用的仪器及设备主要包括：

（1）2台千斤顶、2台高压油泵、2块精密压力表，见图5-6。

（2）10台单孔锚索测力计，2台环锚测力计。

（3）工具锚2套，工作锚1套，配套限位板1块。

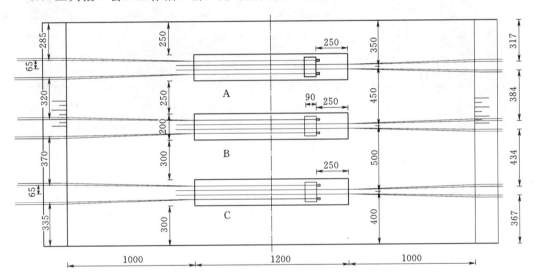

（a）试验平台平面图

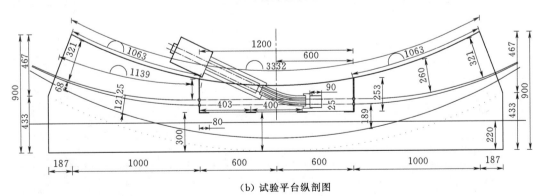

（b）试验平台纵剖图

图5-3 预应力损失参数测量模型试验设计图（单位：mm）

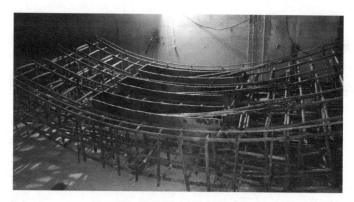

图 5-4　模型试验平台浇筑前

图 5-5　模型试验平台安装完毕

图 5-6　实验用油表、千斤顶和油泵

（4）0.5mm 精度钢板尺 2 把，科学计算器 2 个，记录工具两套。

（5）1 台读数仪，笔记本 1 台，2 根配套连接线缆。

试验前所有张拉设备经过专门机构率定，单孔锚索测力计及配套 JC-4A 静态应变仪率定结果见表 5-6。

表 5-6　　　　　　　　　　　单孔锚索测力计和采集仪校准结果

荷载值 /kN	压力传感器仪表读数							
	1 号	2 号	3 号	4 号	5 号	6 号	7 号	8 号
0	0	0	0	0	0	0	0	0
20	472	524	437	496	450	482	460	478
40	944	1045	875	974	899	960	920	958
60	1413	1563	1323	1458	1348	1428	1379	1436
80	1877	2078	1785	1942	1803	1890	1837	1915
100	2341	2594	2246	2423	2261	2356	2295	2387
120	2812	3106	2712	2901	2716	2820	2750	2859
140	3277	3626	3182	3379	3180	3282	3211	3332
160	3748	4143	3654	3861	3642	3743	3675	3811
180	4220	4661	4124	4338	4116	4214	4140	4290
200	4692	5186	4598	4818	4594	4687	4613	4796

5.3.2 环锚沿程摩阻系数

环锚沿程摩阻系数测定主要试验步骤如下：

（1）根据试验布置图安装传感器、锚具、锚垫板、千斤顶。

（2）锚固端千斤顶主缸进油空顶100mm（根据钢束理论伸长值确定）关闭，两端预应力钢束均匀楔紧于千斤顶上，两端装置对中。

（3）千斤顶允油，保持一定数值（约4.0MPa）。

（4）一端锚固，另一端张拉。根据张拉分级表，张拉端千斤顶进油进行张拉，每级均读取两端锚索测力计和油压表读数，并测量钢绞线伸长量，每个管道张拉三次。

（5）仍按上述方法，调换张拉端和锚固端，用同样方法再做一遍。

（6）张拉完后卸载至初始位置，退锚进行下一孔道钢绞线的测试。

每级荷载下均需记录的测试数据有：锚固端测力计读数、张拉端的油缸伸长量、油表读数、张拉端夹片外露量，所测数据均在记录本上即时记录。

为了掌握加载方式对试验结果的影响，分别对W1锚索开展不分级张拉，对W2～W4锚索开展分级加载，对W5～W7锚索开展循环加载。

单根环锚不分级张拉端-锚固端受力和预应力损失曲线见图5-7和图5-8。

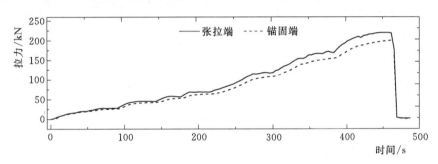

图5-7 单根环锚不分级张拉端-锚固端受力图（锚索编号：W1）

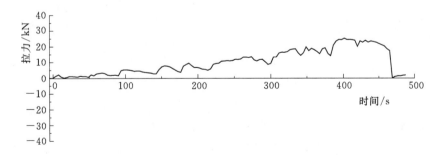

图5-8 单根环锚不分级预应力损失曲线（锚索编号：W1）

单根环锚分级加载张拉端-锚固端受力和预应力损失曲线见图5-9～图5-14。

单根环锚分级循环加载张拉端-锚固端受力和预应力损失见图5-15～图5-20。

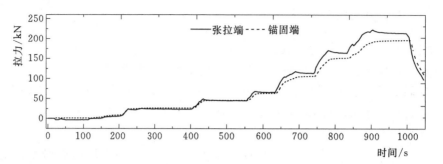

图 5-9　单根环锚分级加载张拉端-锚固端受力图（锚索编号：W2）

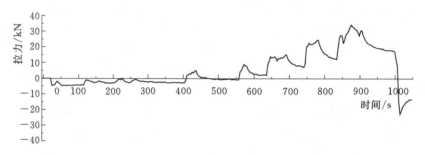

图 5-10　单根环锚分级加载预应力损失曲线（锚索编号：W2）

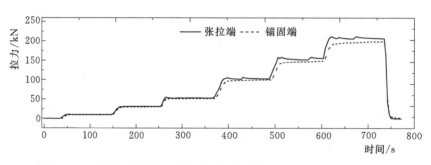

图 5-11　单根环锚分级加载张拉端-锚固端受力图（锚索编号：W3）

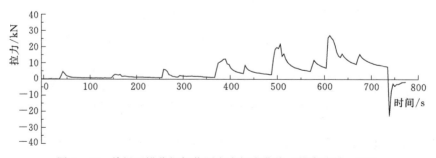

图 5-12　单根环锚分级加载预应力损失曲线（锚索编号：W3）

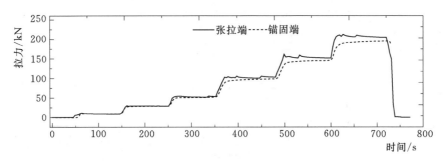

图 5-13 单根环锚分级加载张拉端-锚固端受力图 (锚索编号：W4)

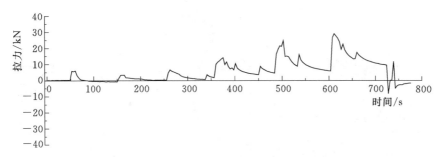

图 5-14 单根环锚分级加载预应力损失曲线 (锚索编号：W4)

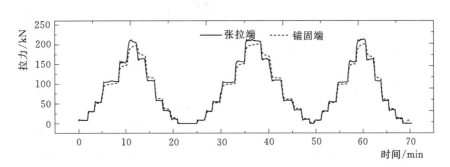

图 5-15 单根环锚分级循环加载张拉端-锚固端受力图 (锚索编号：W5)

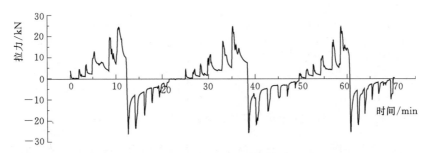

图 5-16 单根环锚分级循环加载预应力损失曲线 (锚索编号：W5)

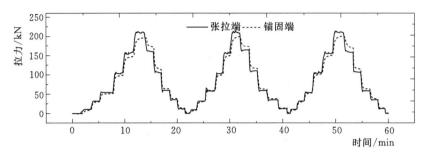

图 5-17 单根环锚分级循环加载张拉端-锚固端受力图（锚索编号：W6）

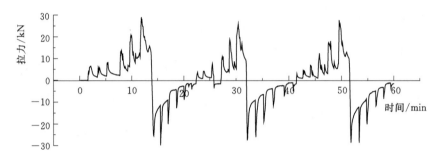

图 5-18 单根环锚分级循环加载预应力损失曲线（锚索编号：W6）

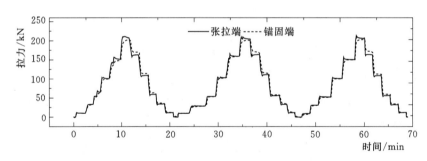

图 5-19 单根环锚分级循环加载张拉端-锚固端受力图（锚索编号：W7）

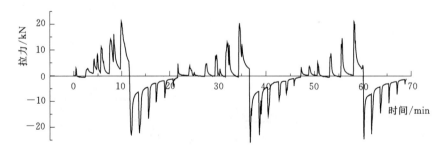

图 5-20 单根环锚分级循环加载预应力损失曲线（锚索编号：W7）

对预应力锚索沿程损失进行计算，将 7 根曲线锚索最后一级加载稳定后的张拉端和锚固端受力情况整理统计，见表 5-7～表 5-9 及图 5-21。

表 5-7
不分级张拉曲线锚索受力结果汇总表

锚 索 编 号	W1	锚 索 编 号	W1
张拉端/kN	218.69	预应力损失/kN	18.56
锚固端/kN	200.13	预应力损失百分比/%	8.4

表 5-8
分级张拉曲线锚索受力结果汇总表

锚 索 编 号	W2	W3	W4	W5	W6	W7
张拉端/kN	204.51	200.74	208.8	207.35	206.52	204.3
锚固端/kN	196.57	196.32	196.4	201.84	198.94	194.9
预应力损失/kN	7.93	4.42	8.16	5.51	7.58	9.38
预应力损失百分比/%	3.8	2.2	3.9	2.7	3.7	4.5

表 5-9
分级加卸载循环张拉曲线锚索受力结果汇总表

锚 索	W5	W6	W7
张拉端/kN	205.16	203.19	207.05
锚固端/kN	201.14	199.82	203.25
预应力损失/kN	4.02	3.37	3.80
预应力损失百分比/%	1.9	1.7	1.8

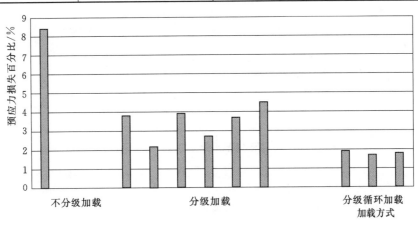

图 5-21　不同加载方式预应力损失对比

利用二元函数回归分析，不分级张拉曲线锚索受力结果：$k_1 = 0.0016$，$\mu_1 = 0.0879$；分级张拉曲线锚索受力结果，求得 $k_2 = 0.0013$，$\mu_2 = 0.0449$；分级加卸载张拉曲线锚索受力结果为：$k_3 = 0.0012$，$\mu_3 = 0.0302$。

根据试验结果，张拉加载方式对锚索预应力沿程损失影响较大，其中一次张拉到设计荷载时预应力损失达到 8.4%，分级加载方式下预应力损失为 2.2%～4.5%，而分级循环加载方式下预应力损失平均值仅为 1.8%。施工中一般采用分级张拉，若个别锚索出现预应力损失超出标准时，可以适当考虑分级循环加载，以保证预应力效果达到要求。

5.3.3　千斤顶和偏转器摩阻损失测定

试验所用锚索测力计型号为 BGK-4900-1500kN，用来测定存在于预应力环锚中的张拉力。试验采用方形环锚计（图 5-22），由 4 只振弦式应变计组成，在上顶面、下底面和左右两个侧表面各一支。应变计的方向与环锚受力方向相同，其基本工作原理为：环锚锁定后锚具沿环锚受力方向为受压状态，当环锚中的张拉力发生变化时，锚具测力计的读数也会相应变化，根据四支应变计平均读数的变化即可判断环锚中的张拉力变化量。

图 5-22　方形环锚计

模型测试环锚受力结果见图 5-23～图 5-26。

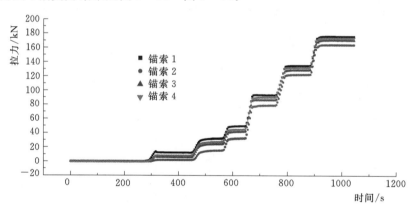

图 5-23　锚固端受力曲线（环锚编号：F1）

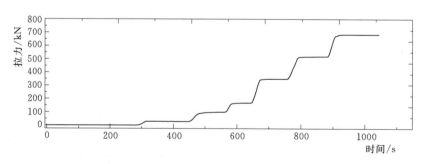

图 5-24　锚固端锚索合力曲线（环锚编号：F1）

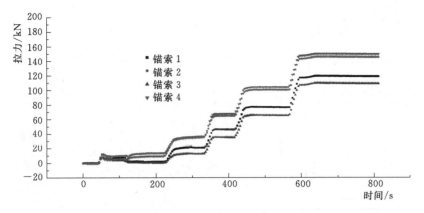

图 5-25 锚固端受力曲线（环锚编号：F2）

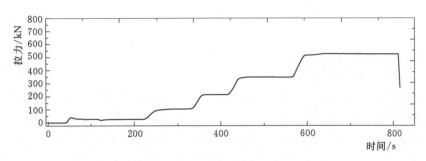

图 5-26 环锚锚固端锚索合力曲线（环锚编号：F2）

采用式（5-2）和式（5-3）对千斤顶和偏转器摩阻损失进行计算见表 5-10。

表 5-10 千斤顶和偏转器摩阻损失

锚　索	F1	F2
张拉端/kN	585.9	784.2
锚固端/kN	534.81	714.25
预应力损失/kN	51.09	69.95
预应力损失百分比/%	8.72	8.90

5.4 基于现场原位试验的预应力损失参数测定

5.4.1 现场试验方案

锚索测力计只能掌握整束环锚张拉力在锚固端的拉力变化，钢绞线沿程损失无法监测，结合现场试验段布置了 C1～C3 三个断面（图 5-27）进行了钢绞线沿程损失分析。通过在单根钢绞线不同位置布设磁通量传感器（图 5-28），在各级张拉荷载作用下测量单根钢绞线的拉力值，可计算出各级张拉荷载作用下不同位置钢绞线预应力损失沿程分布系数。

磁通量传感器的编号按断面和图 5-28 中数字进行编号：

（1）C1 断面仪器编号为 CTL-C1-1～ CTL-C1-7。

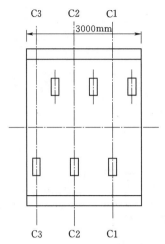

图 5 - 27　C1～C3 监测断面布置图

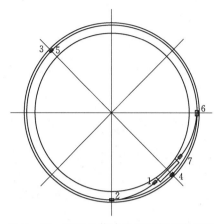

图 5 - 28　磁通量传感器监测断面布置图

（2）C2 断面仪器编号为 CTL - C2 - 1～ CTL - C2 - 7。

（3）C3 断面仪器编号为 CTL - C3 - 1～ CTL - C3 - 7。

磁通量传感器采用 OVM 公司生产的 CCT20 型传感器，传感器及测试系统见图 5 - 29，主要用于测定钢绞线的预应力沿程分布。磁通量传感器是根据铁磁性材料自身固有的磁弹效应原理而制成。当预应力钢绞线受到的端部拉力发生变化时，其内部的磁化强度（磁导率）也跟随着发生改变，通过测量钢绞线的磁导率变化量，来测定钢绞线构件的内力。

图 5 - 29　磁通量传感器

5.4.2　环锚沿程摩阻系数与分布特点

通过在单根钢绞线不同位置布设磁通量传感器，在各级张拉荷载作用下测量单根钢绞线的拉力值，便可计算出各级张拉荷载作用下不同位置钢绞线预应力损失沿程分布系数。4 根环锚 100％设计荷载理论张拉值为 781.2kN，单根平均理论值为 195.3kN。C1～C3 断面单根环锚不同位置在各级张拉荷载作用下环锚的受力情况见图 5 - 30～图 5 - 32。三个断面所测的单根环锚的拉力值分布规律几乎一致，这表明不同断面的环锚张拉时，钢绞线拉力在轴向上分布非常均匀，张拉工艺得到了有效实施，张拉效果得到了保证。

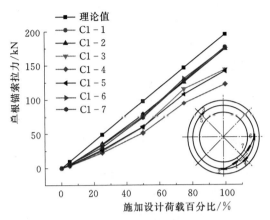

图 5-30　C1 断面单根环锚不同位置
在张拉时的拉力值分布图

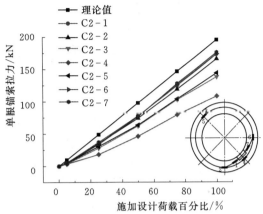

图 5-31　C2 断面单根环锚不同位置
在张拉时的拉力值分布图

由于 C1～C3 断面同一位置在同一级张拉荷载下测值非常接近，因而取 3 组测值的平均值进行分析。表 5-11 汇总了 C1～C3 断面同一位置的拉力平均值。当环锚张拉至设计荷载 100% 时，1～7 号位置环锚受力在衬砌空间位置上的分布见图 5-33，以锚具槽中心线为对称轴，1 号和 7 号位置靠近锚具槽，这两处位置拉力值最大且测值几乎相等，其次是 2 号和 6 号位置拉力值相近，且由于 2 号和 6 号与 1 号和 7 号沿程距离相差不大，延迟损失差别较小，4 个位置的拉力值较为接近，随着钢绞线离锚具槽的距离越远，拉力值下降，3 号和 5 号位置距离锚具槽沿程距离相近，因而二者拉力值相近，4 号位置离锚具槽沿程距离最大，因而拉力值最小。

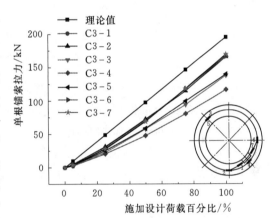

图 5-32　C3 断面单根环锚不同位置在
张拉时的拉力值分布图

表 5-11　　　　　　　　　　环锚张拉时单根环锚不同位置受力情况表

设计荷载/%	理论值/kN	不同位置的受力情况/kN						
		1 号	2 号	3 号	4 号	5 号	6 号	7 号
0.0	0.0	0.0	0.0	0.0	0.0	0.0	0.0	0.0
5.0	9.8	5.2	5.0	3.8	3.2	4.2	4.8	4.7
25.0	48.8	33.9	33.9	25.2	20.4	27.5	32.4	30.7
50.0	97.7	75.6	74.7	59.9	48.4	60.6	73.8	73.0
75.0	146.5	123.0	119.6	104.0	84.6	103.7	124.7	124.5
100.0	195.3	172.4	168.6	139.9	115.8	141.8	171.7	173.9

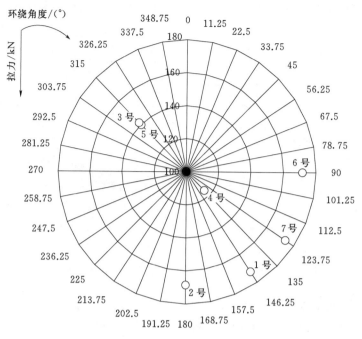

图 5-33 张拉至 100％荷载时单根环锚受力状态

1 号和 7 号位置测值离锚具锁定位置最近,且 2 个位置都是环锚直线段,可近似认为二者的平均值即为单根环锚张拉锁定的锚固力值,经计算 C2 断面整束环锚的锚固力值为 697.8kN,张拉时的张拉台座的损失(包含偏转器损失、千斤顶损失和夹片损失等)为 10.7％,而该断面锚索测力计在张拉锁定后的测值为 708.9kN,偏转器和千斤顶预应力损失为 9.4％,两种测试手段数据较匹配,说明两种测试手段的试验数据可靠。

磁通量传感器所测的是单根环锚的拉力值,取其为 4 根环锚的平均值计算单根锚索的拉力值,并根据磁通量传感器的埋设位置计算磁通量传感器所测各点的位置参数,结合磁通量传感器实测数据,根据 3.1.2 节预应力损失计算公式,计算结果见表 5-12。

表 5-12 摩擦系数计算参数表

参 数	第一圈			第二圈	
	2 号	3 号	4 号	5 号	6 号
$\alpha/(°)$	45	180	360	180	45
θ_1 或 $\theta_2/(°)$	35	170	350	170	35
θ_1 或 θ_2/rad	0.6109	2.9671	6.1087	2.9671	0.6109
x_1 或 x_2/m	2.334	11.334	23.335	11.334	2.334
单根锚索拉力值/kN	168.56	139.91	115.77	141.78	171.68
4 根锚索拉力值/kN	674.25	559.64	463.08	567.12	686.70
σ_{11} 或 σ_{12}/MPa	1204.02	999.35	826.93	1012.71	1226.26

参 数	第一圈			第二圈	
	2 号	3 号	4 号	5 号	6 号
σ_1	1236.81	1236.81	1236.81	1236.81	1236.81
$\dfrac{\sigma_{11}}{\sigma_1}$	0.9735	0.8080	0.6686	0.8188	0.9915
$-\ln\dfrac{\sigma_{11}}{\sigma_1}$ 或 $-\ln\dfrac{\sigma_{12}}{\sigma_1}$	0.0269	0.2132	0.4026	0.1999	0.0086

由式（3-13）和式（3-14）可推出，

$$\begin{cases} kx_1 + \mu\theta_1 = -\ln\dfrac{\sigma_{11}}{\sigma_1} \\ kx_2 + \mu\theta_2 = -\ln\dfrac{\sigma_{12}}{\sigma_1} \end{cases} \tag{5-4}$$

根据表 5-12 采用线性回归方法，计算得 $k = 0.0012$，$\mu = 0.0638$。实测 k 和 μ 值可为数值计算提供数据支撑。

由于采用了双圈钢绞线形式，钢绞线张拉损失及钢绞线小圆弧段的存在，衬砌沿程应力分布不是均匀的，应根据需要予以适当折减。定义沿程应力分布系数 β 计算钢绞线环面不同位置的应力：

$$\beta = \frac{\sigma}{\sigma_{con}} \tag{5-5}$$

式中：σ_{con} 为 1350MPa；σ 为实测应力，为环锚拉力值除以截面积。

张拉过程中钢绞线不同位置的实测沿程应力分布系数见图 5-34。在张拉过程中越靠近锚具位置，分布系数越小，因钢绞线摩阻产生的预应力损失就越小。当张拉至 100% 设计荷载时，7 号传感器位置的分布系数最大，值为 0.889，4 号传感器位置的分布系数最小，值为 0.592，7 个位置分布系数的平均值为 0.792，所测数据充分表明了无黏结环锚预应力钢绞线张拉后预应力损失小，且在环向上应力分布均匀。

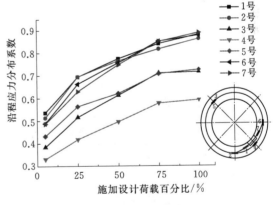

图 5-34 张拉过程中钢绞线不同位置
的沿程应力分布系数

5.4.3 千斤顶和偏转器摩阻损失

在模型试验平台中，设置 A、B 两组测量断面（图 5-3），埋设了锚索测力计用于测定整束环锚张拉过程及锁定后的拉力值变化，图 5-35 和图 5-36 为 A 断面和 B 断面张拉过程中环锚拉力值变化图。由此可知，每级张拉时，环锚拉力值都会有明显的变化，环锚张拉完毕后，环锚锁定值 A 断面为 708.1kN，B 断面为 715.4kN，张拉 100% 设计荷载时千斤顶张拉力为 781.2kN，根据锚索测力计测试结果计算 A 断面锚具槽张拉时偏转器和千斤顶预应力损失为 9.4%，B 断面的损失为 8.4%。

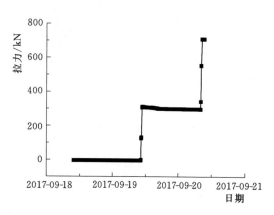

图 5-35　A 断面锚索测力计张拉过程中拉力变化

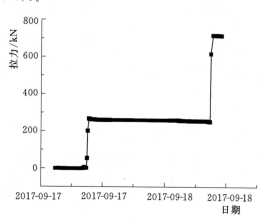

图 5-36　B 断面锚索测力计张拉过程中拉力变化

第6章 基于无内水压原位试验的预应力环锚衬砌和围岩受力变形特征

6.1 引言

目前无黏结环锚结构型式在国内外部分水工隧洞工程中得到了应用。从工程实践来看，由于缺乏完善的指导规范和成熟的设计理论，某些已建工程不可避免存在缺陷，增加了工程建设风险，影响了环锚预应力混凝土衬砌的应用效果和推广。在环锚衬砌传力机制和设计理论不明确的情况下，实际工程在设计阶段往往通过模型试验和原位试验来解决工程设计中的难题。在进行试验时，根据环锚衬砌是否受水压，可将整个试验过程分为无内水压试验和有内水压试验。通过两个试验阶段中衬砌和围岩的受力分析，可对施工期的施工工艺进行优化，保证预应力环锚衬砌设计施工参数的合理性，从而保证工程的施工及运行安全。

6.2 现场试验地点选取原则

基于引松工程输水总干线隧洞穿越沟谷段较多，个别穿越处隧洞埋深较浅、围岩抗渗能力差。根据隧洞所处位置地质条件特殊性，将试验段地点定为桩号 24＋235～24＋253。该处为典型的Ⅳ类和Ⅴ类围岩交界处，以Ⅴ类围岩为主，地质剖面图见图 6-1。根据后

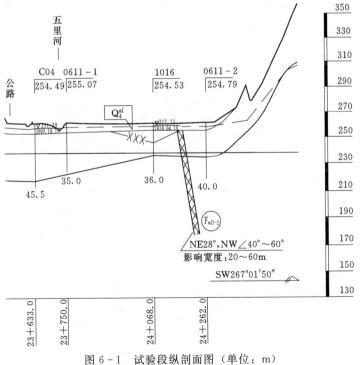

图 6-1 试验段纵剖面图（单位：m）

续试验方式，试验段 18m 分为 N1、N2、N3 和 N4 四个监测洞段（见图 4 - 2），每段均采用小模板浇筑混凝土，分段之间设立止水带，每段都单独受力，相互之间不传递力。

6.3　现场监测布置方案

N1 和 N2 段共设置 6 个监测断面，编号为 S1～S6，N3 和 N4 共设置 4 个监测断面，编号为 D1～D4，监测断面位置见图 6 - 2。为监测衬砌内部应力状态及围岩与衬砌的接触关系，试验段中采用了多点位移计、土压力计、渗压计、测缝计、钢筋计、应变计、无应力计、锚索测力计、磁通量传感器和混凝土表面应变片来对围岩及衬砌的工作状态进行监测。

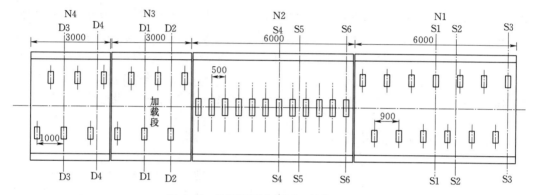

图 6 - 2　监测断面位置图（单位：mm）

N1 和 N2 段主要探索施工工艺，对无黏结环锚技术的施工工艺进行优化，因而 S1～S6 断面布设仪器较少，仅在顶部和侧部布置了钢筋计和测缝计，同时为了验证张拉效果，在锚具槽内布设了部分锚索测力计。S1 断面仪器布置见图 6 - 3，其中，测缝计一端埋设

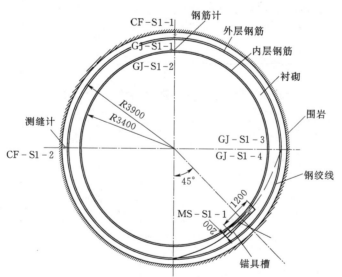

图 6 - 3　S1 断面仪器布置图（单位：mm）

于围岩内部，另一端进入衬砌；钢筋计埋设于内、外层非预应力钢筋上，外层钢筋离衬砌外部 5cm，内层钢筋离衬砌内部 5cm，外层钢筋计编号为单数，内层钢筋计编号为双数。S2～S6 断面仪器在衬砌内部的埋设位置和 S1 一致。图 6-3 为沿水流方向衬砌的横截面，以下所有仪器布置图均是沿水流方向衬砌的横截面。S2 断面和 S3 断面布置的监测仪器在 S1 断面的基础上进行了删减，S2 断面仅布设钢筋计，S3 断面仅布设钢筋计和锚索测力计，仪器埋设位置和 S1 断面一样。S4 断面仪器布置见图 6-4，S5 断面和 S6 断面布置的监测仪器在 S4 断面的基础上进行了删减，S5 断面仅布设钢筋计，S6 断面仅布设钢筋计和锚索测力计，仪器埋设位置和 S4 断面一样。S1～S6 断面仪器数量及编号见表 6-1。

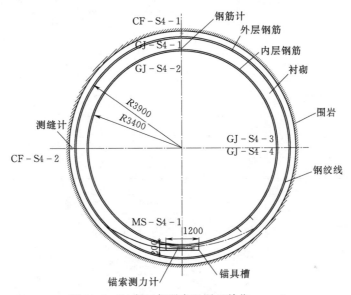

图 6-4 S4 断面仪器布置图（单位：mm）

表 6-1　　　　　　　　　　　　　　S1～S6 断面仪器数量及编号

监测元件	仪器数量	单位	仪器编号
振弦式钢筋计	24	个	GJ-S1-1～GJ-S1-4 GJ-S2-1～GJ-S2-4 GJ-S3-1～GJ-S3-4 GJ-S4-1～GJ-S4-4 GJ-S5-1～GJ-S5-4 GJ-S6-1～GJ-S6-4
振弦式埋入式测缝计	4	个	CF-S1-1～ CF-S1-2 CF-S4-1～ CF-S4-2
振弦式锚索测力计	4	个	MS-S1-1 MS-S3-1 MS-S4-1 MS-S6-1

　　N3 和 N4 段在 N1、N2 的基础上进行结构优化，也是大面积施工时最有可能采用的结构型式，因而试验过程中重点监测 D1～D4 断面。D1 断面振弦式仪器布置数量及仪器

编号见表6-2,仪器布置位置见图6-5,其中,测缝计一端埋设于围岩内部,另一端进入衬砌;土压力计埋设于围岩表面;多点位移计埋设于围岩内部;渗压计浅埋于围岩内部;钢筋计埋设于内、外层非预应力钢筋上,外层钢筋离衬砌外部5cm,内层钢筋离衬砌内部5cm,外层钢筋计编号为单数,内层钢筋计编号为双数;应变计埋设于对应的钢筋计周围,外侧编号为单数,内侧编号为双数;无应力计埋设于两层钢筋之间。D2~D4断面仪器在衬砌内部的埋设位置和D1一致。

表6-2 D1断面仪器数量及编号

监测元件	仪器数量	单位	仪器编号
振弦式钢筋计	10	个	GJ-D1-1~GJ-D1-10
振弦式锚索测力计	1	个	MS-D1-1
振弦式埋入式测缝计	2	个	CF-D1-1~CF-D1-2
振弦式多点位移计	2	个	WY-D1-1~WY-D1-2
振弦式埋入式应变计	11	个	YB-D1-1~YB-D1-11
无应力计	2	个	WYL-D1-1~WYL-D1-2
振弦式渗压计	2	个	SY-D1-1~SY-D1-2
振弦式土压力计	5	个	TY-D1-1~TY-D1-5

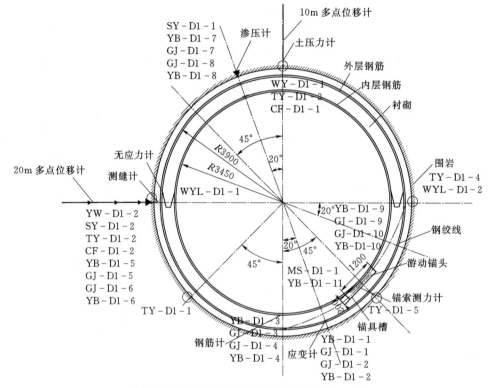

图6-5 D1断面测试仪器布置图(单位:mm)

D2断面振弦式仪器布置数量及仪器编号见表6-3,仪器布置位置见图6-6。

表 6-3   D2 断面仪器数量及编号

监测元件	仪器数量	单位	仪器编号
振弦式钢筋计	10	个	GJ-D2-1~GJ-D2-10
振弦式埋入式测缝计	1	个	CF-D2-1
振弦式埋入式应变计	10	个	YB-D2-1~YB-D2-10
土压力计	5	个	TY-D2-1~TY-D2-5

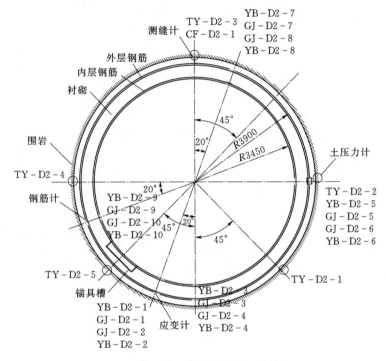

图 6-6 D2 断面测试仪器布置图（单位：mm）

D3 断面振弦式仪器布置数量及仪器编号见表 6-4，仪器布置位置见图 6-7。

D4 断面振弦式仪器布置数量及仪器编号见表 6-5，仪器布置位置见图 6-8。

为了了解预应力钢绞线的沿程损失在 N3 段的三个断面使用磁通量传感器进行监测，其中 C3 为新增加断面，C2 与 D1 重合，C1 和 D2 重合，断面布置图见图 6-9 所示，每个断面上磁通量传感器的埋设位置见图 6-10。

表 6-4   D3 断面仪器数量及编号表

监测元件	环锚断面仪器数量	单位	仪器编号
振弦式钢筋计	10	个	GJ-D3-1~GJ-D3-10
振弦式锚索测力计	1	个	MS-D3-1
振弦式埋入式应变计	11	个	YB-D3-1~YB-D3-11
无应力计	2	个	WYL-D3-1~ WYL-D3-2

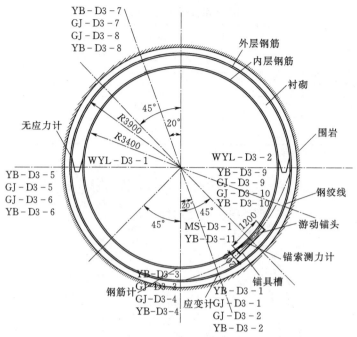

图 6 - 7 D3 断面测试仪器布置图（单位：mm）

表 6 - 5　　　　　　　　　　　　　D4 断面仪器数量及编号表

监 测 元 件	环锚断面仪器数量	单位	仪 器 编 号
振弦式钢筋计	10	个	GJ - D4 - 1～GJ - D4 - 10
振弦式埋入式应变计	10	个	YB - D4 - 1～YB - D4 - 10

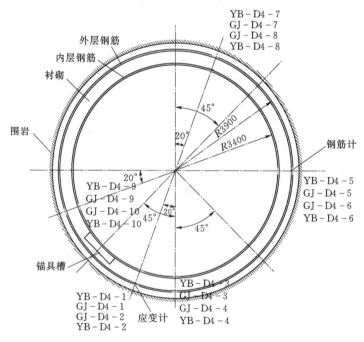

图 6 - 8 D4 断面测试仪器布置图（单位：mm）

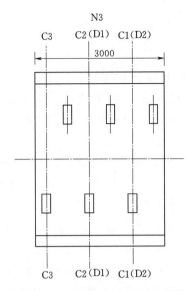
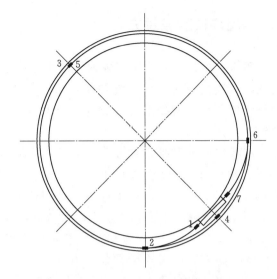

图 6-9 C1～C3 监测断面布置图（单位：mm）　　图 6-10 磁通量传感器监测断面布置图

磁通量传感器按断面和图 6-10 中数字进行编号：

（1）C1 断面仪器编号为 CTL-C1-1～CTL-C1-7。

（2）C2 断面仪器编号为 CTL-C2-1～CTL-C2-7。

（3）C3 断面仪器编号为 CTL-C3-1～CTL-C3-7。

此外，在张拉施工期间，采用混凝土表面应变片对 N3 和 N4 段代表性锚具槽周围衬砌外表面受力情况进行了监测，应变片在锚具槽周边的布置见图 6-11。

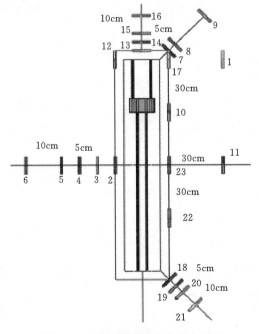

图 6-11 锚具槽周围应变片布置图

6.4　现场试验张拉方案

环锚张拉是环锚给衬砌施加预应力的手段，张拉期间会给衬砌应力状态带来一定变化，并决定着衬砌的最终预应力效果。掌握环锚衬砌张拉施工期间、施工后衬砌力学性能特性和衬砌围岩接触应力变化是研究环锚衬砌力学性能和荷载传递规律的关键。

对张拉期衬砌和环锚的应力状态分析离不开具体的张拉施工步骤，不同的施工步骤下，衬砌和钢绞线会表现出不一样的中间应力状态。现场试验，N3 和 N4 段锚具槽布置形式一致，试验选择从每块衬砌结构的中间位置开始张拉，张拉顺序见图 6-12，以 N3 为例，张拉前，首先沿水流方向对两边锚具槽进行编号，分三步进行，第一步先将 1 号、2 号、5 号和 6 号槽环锚从 0 张拉至设计荷载 50%，第二步将 3 号和 4 号环锚直接从 0 张拉至设计荷载 100%，最后再将第一步张拉的环锚从设计荷载 50% 张拉至 100% 设计荷载。从 0 加载到 100% 设计荷载共分 5 级进行（见表 6-6）。图 6-12 中，1~6 号表示锚具槽编号（环锚编号），2 号锚具槽标记为"1，50%"和"7，100%"，表示 2 号槽为第 1 张拉顺序槽，第 1 次张拉时从 0 张拉至 50% 设计荷载值，同时 2 号槽又为第 7 张拉顺序槽，第 7 次张拉时从 50% 设计荷载张拉至 100% 设计荷载。

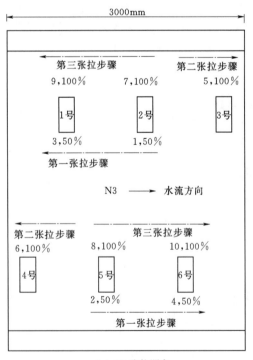
(a) N3 张拉顺序

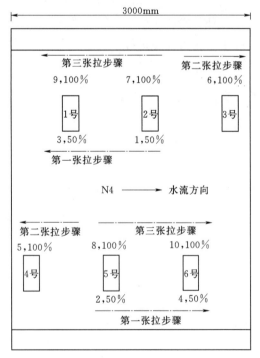
(b) N4 张拉顺序

图 6-12　现场实际张拉顺序图

表 6 - 6　　　　　　　　　　　　　张 拉 荷 载 分 级 表

级　别	设计荷载百分比/%	拉力/kN	油表读数/MPa	稳定时间/min
1	5	39.06	2.00	2
2	25	195.3	10.25	2
3	50	390.6	20.50	2
4	75	585.9	31.00	2
5	100	781.2	41.25	5

6.5　混凝土衬砌预应力、应变规律

6.5.1　张拉过程中混凝土应力应变规律

张拉过程中混凝土应变变化数据是由埋设在衬砌中的混凝土应变计获取的，应变计测试值为混凝土的微应变。N3 和 N4 段采用的都是分步张拉法张拉，N3 段张拉从 2017 年 9 月 19 日 9：12 开始，9 月 20 日 9：12 结束，历经 2 次停滞期，分 3 步 12 个工序张拉完成。各步的张拉步骤和时间见表 6 - 7。N4 段张拉从 2017 年 9 月 17 日 10：12 开始，9 月 18 日 16：24 结束，历经 3 次停滞期，分 3 步 13 个工序张拉完成。各步的张拉步骤和时间见表 6 - 8。

N3 张拉期间混凝土产生的应变变化按表 6 - 7 中 12 个时间段可分为 $\varepsilon_1 \sim \varepsilon_{12}$，混凝土应变计所测得的应变值 ε_c 是混凝土综合应变变化情况，则有：

$$\varepsilon_c = \sum_{i=1}^{12} \varepsilon_{ci} \qquad (6-1)$$

表 6 - 7　　　　　　　　　　　　现场 N3 段张拉明细表

张拉步骤	工况序号	张拉工况	时　　间	时长
第一步	1	2 号槽 0～50%	2017 年 9 月 19 日 9：12—9：36	24min
	2	5 号槽 0～50%	10：06—10：36	30min
	3	停滞期	10：36—14：12	3h36min
	4	1 号槽 0～50%	14：12—14：36	24min
	5	6 号槽 0～50%	14：36—14：54	18min
第二步	6	3 号槽 0～100%	14：54—15：36	42min
	7	4 号槽 0～100%	15：48—16：30	42min
第三步	8	2 号槽 50%～100%	16：36—16：54	18min
	9	停滞期	2017 年 9 月 19 日 16：54 至 2017 年 9 月 20 日 8：00	15h6min
	10	5 号槽 50%～100%	8：00—8：24	24min
	11	1 号槽 50%～100%	8：30—8：48	18min
	12	6 号槽 50%～100%	8：54—9：12	18min

N4 张拉期间混凝土产生的应变变化按表 6 - 8 中 13 个时间段可分为 $\varepsilon_1' \sim \varepsilon_{13}'$，混凝土应变计所测得的应变值 ε_c' 是混凝土综合应变变化情况，则有：

表 6 - 8　　　　　　　　　　　　　　　　现场 N4 段张拉明细表

张拉步骤	工况序号	张拉工况	时　　间	时长
第一步	1	2 号槽 0～50%	2017 年 9 月 17 日 10：11—10：28	17min
	2	停滞期	10：28—14：47	4h19min
	3	5 号槽 0～50%	14：47—15：11	24min
	4	1 号槽 0～50%	15：11—15：39	28min
	5	6 号槽 0～50%	16：06—16：24	18min
	6	停滞期	2017 年 9 月 17 日 16：24 至 2017 年 9 月 18 日 8：18	15h54min
第二步	7	4 号槽 0～100%	8：18—9：00	42min
	8	3 号槽 0～100%	10：06—11：00	54min
	9	停滞期	11：00—14：12	3h12min
第三步	10	2 号槽 50%～100%	14：12—14：30	18min
	11	5 号槽 50%～100%	14：48—15：06	18min
	12	1 号槽 50%～100%	15：24—15：42	18min
	13	6 号槽 50%～100%	16：00—16：24	24min

$$\varepsilon'_c = \sum_{i=1}^{13} \varepsilon'_{ci} \tag{6-2}$$

　　实际上混凝土应变计的应变值又包含了由张拉力变化产生的弹性变形 ε_{ce}、混凝土徐变变形 ε_{cc}、预应力损失产生的变形 ε_{cp} 和温度变化产生的变形 ε_{cT} 等。在环锚张拉期间，因每个锚具槽张拉时间较短，混凝土徐变变形和预应力损失造成的变形都较小，且隧洞环境下短期内温度和湿度变化都很小，因而可近似认为环锚张拉期间应变计所测的应变值变化等于混凝土的弹性变形变化值，即

$$\varepsilon_{ci} = \varepsilon_{cei} \tag{6-3}$$

　　N3 段两个监测断面 D1 和 D2（图 6 - 2）中埋设的应变计在张拉过程中应变变化过程曲线见图 6 - 13 和图 6 - 14。N4 段两个监测断面 D3 和 D4（图 6 - 2）中埋设的应变计在张拉过程中应变变化过程曲线见图 6 - 15 和图 6 - 16。

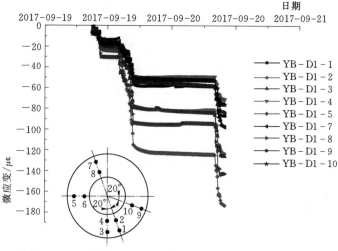

图 6 - 13　D1 断面混凝土在张拉过程中应变变化过程曲线

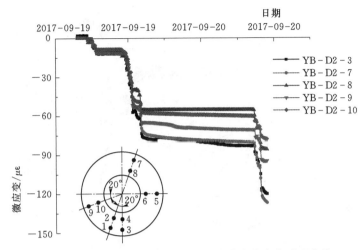

图 6-14　D2 断面混凝土在张拉过程中应变变化过程曲线

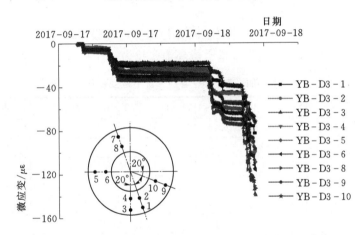

图 6-15　D3 断面混凝土在张拉过程中应变变化过程曲线

D1～D4 每个断面都埋设 10 只应变计,部分应变计在混凝土浇筑过程中损坏或超量程,在图中不予显示。由图 6-13 和图 6-14 可知,张拉设计荷载后 D1 断面混凝土应变范围为 $-69.7 \sim -167.9 \mu\varepsilon$;D2 断面混凝土应变范围为 $-75.3 \sim -117.8 \mu\varepsilon$。D1 和 D2 断面应变计为中垂线对称埋设,同一位置或对称位置的应变计反应的混凝土应变值非常接近。由图 6-15 和图 6-16 可知,张拉设计荷载后 D3 断面混凝土应变范围为 $-72.1 \sim -139.4 \mu\varepsilon$;D4 断面混凝土应变范围为 $-64.1 \sim -190.55 \mu\varepsilon$。D3 和 D4 断面应变计为轴向上同位置埋设,同一位置的应变计所测的混凝土应变值非常接近。D1～D4 应变计测值表明,环锚张拉后,混凝土衬砌应变变化以中垂线为轴对称分布,同时轴向上同一位置应变分布均匀。

为了更好地讨论张拉过程中混凝土应变形成的过程,将表 6-7 中各级工况下 N3 段两个监测断面 D1 和 D2 布置的应变计的应变变化列于表 6-9 和表 6-10,其中 D1 断面对应 5 号槽所在位置,而仪器实际埋设时,因 5 号槽正中心位置无环向应力筋,因而钢筋计埋设于 5 号槽最近的钢筋上,方向由 5 号槽偏向 1 号槽。D2 断面对应 6 号槽所在位置,

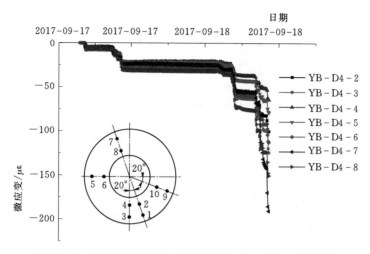

图 6-16　D4 断面混凝土在张拉过程中应变变化过程曲线

而仪器实际埋设时，钢筋计和应变计也偏向 3 号槽方向埋设。D1 断面 5 号槽自身环锚张拉为第 2 和第 10 工序，D2 断面 6 号槽自身环锚张拉为第 5 和第 12 工序。

表 6-9　　　　　　　　　　　D1 断面应变计在各级工况下应变变化　　　　　　　　　单位：$\mu\varepsilon$

工序	YB-D1-1	YB-D1-2	YB-D1-3	YB-D1-4	YB-D1-5	YB-D1-7	YB-D1-8	YB-D1-9	YB-D1-10
1	−5.56	−8.16	−6.98	−6.36	−8.47	−2.72	−5.68	−6.16	−7.97
2	−11.79	−14.45	−13.80	−8.90	−12.39	−9.82	−20.87	−11.45	−9.31
3	−0.88	−0.21	−1.40	−1.64	−3.61	0.68	−3.84	1.46	−0.39
4	−5.77	−11.37	−7.64	−7.67	−13.13	−7.20	−15.07	−6.05	−7.34
5	−1.79	−1.19	−5.02	−0.91	−5.45	−1.00	−2.91	−3.18	−0.82
6	−3.40	−3.44	−6.47	−3.69	−18.08	−4.91	−8.98	−8.95	−6.04
7	−16.98	−27.80	−22.72	−12.65	−32.55	−12.82	−21.15	−11.54	−11.38
8	−10.06	−10.64	−14.49	−6.64	−21.55	−14.34	−14.81	−9.73	−5.63
9	−1.77	−3.60	−5.81	−0.33	−8.90	−6.05	−1.02	−2.29	−3.91
10	−12.31	−16.30	−16.79	−7.33	−14.88	−13.08	−20.89	−9.09	−7.22
11	−12.42	−21.22	−18.97	−13.03	−23.86	−16.67	−22.42	−9.40	−13.09
12	−3.52	−0.73	−4.11	−0.55	−4.99	−3.84	−5.15	−5.74	−1.93
总计	−86.24	−119.11	−124.20	−69.71	−167.87	−91.77	−142.79	−82.11	−75.03

表 6-10　　　　　　　　　　　D2 断面应变计在各级工况下应变变化　　　　　　　　　单位：$\mu\varepsilon$

工　序	YB-D2-3	YB-D2-7	YB-D2-8	YB-D2-9	YB-D2-10
1	0.09	−0.73	−3.13	−0.58	−1.57
2	−8.97	−7.04	−6.08	−8.06	−6.86
3	−3.04	−1.10	−2.21	−2.81	−0.09
4	−0.75	−2.19	−1.74	0.20	−2.26
5	−10.82	−6.02	−6.28	−6.92	−3.08
6	−33.60	−30.74	−20.23	−33.41	−31.38

工序	YB－D2－3	YB－D2－7	YB－D2－8	YB－D2－9	YB－D2－10
7	－5.05	－7.40	－4.12	－1.11	－3.61
8	－13.50	－16.02	－11.47	－12.68	－8.34
9	－7.57	－9.24	－0.20	－5.23	－2.99
10	－4.85	－3.41	－4.37	0.03	－3.89
11	－6.08	－12.97	－9.94	－7.02	－4.29
12	－22.39	－20.97	－14.61	－16.26	－6.92
总计	－116.54	－117.82	－84.37	－93.84	－75.28

将各级工况下 N4 段两个监测断面 D3 和 D4 布置的应变计的应变变化列于表 6－11 和表 6－12，其中 D3 断面对应 5 号槽所在位置，D4 断面对应 3 号槽和 6 号槽中间位置。D3 断面 5 号槽自身环锚张拉为第 3 和第 11 工序，D4 断面最近的环锚张拉工序为第 5、第 8 和第 13 工序。

表 6－11　　　　　　　　D3 断面应变计在各级工况下应变变化　　　　　　单位：$\mu\varepsilon$

工序	YB－D3－1	YB－D3－2	YB－D3－3	YB－D3－4	YB－D3－5	YB－D3－6	YB－D3－8	YB－D3－9	YB－D3－10
1	－4.36	－6.77	－7.44	－3.00	－5.55	－5.28	－5.61	－5.58	－5.76
2	－0.11	－1.33	－0.16	－1.11	－0.26	－0.97	－2.47	－0.07	0.09
3	－4.43	－5.48	－5.88	－8.78	－7.08	－7.78	－9.19	－6.11	－5.20
4	－5.25	－7.44	－9.75	－7.28	－9.96	－8.88	－8.12	－7.08	－5.93
5	－5.43	－5.49	－6.62	－2.03	－4.88	－6.05	－7.32	－5.83	－1.46
6	－2.48	0.54	－2.90	－0.91	－3.28	－2.37	－0.42	－4.05	0.62
7	－11.04	－16.78	－20.75	－19.45	－20.46	－21.91	－26.17	－14.68	－7.32
8	－12.12	－11.04	－14.12	－2.82	－7.49	－9.63	－12.40	－10.95	－12.76
9	－0.30	－0.33	－2.81	－0.11	－1.36	－1.36	－3.03	－1.22	－2.32
10	－11.82	－13.36	－13.92	－4.96	－12.15	－11.03	－16.95	－11.46	－11.53
11	－12.80	－15.24	－23.65	－11.72	－14.91	－15.03	－18.64	－12.58	－4.48
12	－5.66	－7.01	－13.42	－5.08	－13.40	－12.74	－15.31	－6.35	－9.46
13	－6.77	－9.50	－17.94	－5.81	－8.46	－13.25	－7.68	－10.98	－6.61
总计	－82.56	－99.25	－139.35	－73.06	－109.23	－116.27	－133.31	－96.95	－72.14

表 6－12　　　　　　　　D4 断面应变计在各级工况下应变变化　　　　　　单位：$\mu\varepsilon$

工序	YB－D4－2	YB－D4－3	YB－D4－4	YB－D4－5	YB－D4－6	YB－D4－7	YB－D4－8
1	－7.71	－5.34	－4.58	－4.90	－7.37	－5.45	－5.27
2	－0.46	－1.94	－0.37	－0.63	－0.05	－0.19	－1.53
3	－2.26	－2.41	－5.10	－4.38	－7.04	－6.90	－1.12
4	－1.20	－3.46	－1.96	－2.16	－2.07	－2.35	－5.20
5	－10.92	－14.10	－9.12	－8.07	－10.66	－9.13	－12.55

工序	YB-D4-2	YB-D4-3	YB-D4-4	YB-D4-5	YB-D4-6	YB-D4-7	YB-D4-8
6	0.10	−0.50	−0.18	−1.80	−1.46	−0.74	−6.14
7	−0.06	−3.75	−0.94	−2.37	−5.16	−5.07	−2.81
8	−35.95	−31.15	−13.78	−16.96	−25.25	−23.85	−37.61
9	−1.07	−0.44	−1.00	−1.46	−1.14	−1.55	−4.05
10	−15.42	−20.45	−8.75	−11.87	−15.49	−12.85	−23.02
11	−6.82	−9.97	−4.76	−6.57	−9.29	−44.28	−15.46
12	−0.32	−5.72	−0.67	−3.40	−6.87	−24.68	−8.74
13	−17.98	−24.88	−12.92	−14.02	−20.55	−53.50	−26.78
总计	−100.07	−124.11	−64.14	−78.59	−112.38	−190.55	−150.27

表 6-9～表 6-12 中混凝土的应变变化表明,与监测断面间距越小的环锚张拉时,监测断面产生的混凝土应变值越大,临锚效应就越明显。为了进一步分析各工况给监测断面混凝土应变带来的影响,沿水流方向对每个槽张拉对监测断面的影响进行汇总,张拉时每个槽从 0 张拉至 100% 设计荷载时对 D1～D4 断面产生的应变占 D1～D4 整个张拉过程总应变的百分比见图 6-17～图 6-20,计算时各个槽所占的百分比值均取整个断面所有应变计数值的平均值。

由图 6-17 可知,D1 断面 1 号槽和 5 号槽张拉产生的应变最大,且两个槽数据非常接近,4 号和 2 号槽的数据也非常接近。这表明与监测断面距离接近的槽张拉产生的临锚效应几乎一致,除 6 号槽外,基本符合随着张拉槽与监测断面距离越大,张拉产生的应变越小的规律。D2 断面因应变计损坏较多,因而图 6-18 显示的规律不是很符合预期,在此不展开讨论。由图 6-17 和图 6-18 中的数据可知,D1 监测断面 1m 范围内的 5 束环锚张拉导致的应变平均值占总应变的 89.3%,D2 断面 1m 范围内的 4 束环锚张拉导致的应变平均值占总应变的为 79.3%;D1 断面 1.5m 范围内的 6 束环锚全部张拉完毕导致的应变平均值占总应变的 95.7%,D2 断面 1.5m 范围内的 5 束环锚张拉导致的应变平均值占总应变的 89.0%,D2 断面距离 2m 处的环锚张拉产生了 4.04% 的应变变化,说明在 2m 处临锚效应依然存在,但效果已经很微弱。N3 段张拉期间总共停滞 18h42min,D1 断面停滞期产生的应变约占总应变的 4.26%,D2 断面则为 6.24%。

由图 6-19 可知,D3 断面所处的 5 号槽张拉产生的应变最大,以 5 号槽为中心,距离相等的锚具槽张拉产生的应变几乎相等,这也再次表明与监测断面距离等距的锚具槽张拉产生的临锚效应几乎一致,整个 D3 断面应变数据符合随着张拉槽与监测断面距离越大,张拉产生的应变越小的规律。由图 6-20 可知,因 D4 断面处于 6 号和 3 号两槽之间,D4 断面在 6 号槽和 3 号槽张拉时产生的应变最大,整个 D4 断面应变符合随着张拉槽与监测断面距离越大,张拉产生的应变越小的规律。从由图 6-19 和图 6-20 中的数据可知,D3 断面 1m 范围内的 5 束环锚张拉导致的应变平均值占总应变的 86.0%,1.5m 范围内的 6 束环锚张拉导致的应变平均值占总应变的 96.4%;D4 断面 0.75m 范围内的 3 束环锚张拉导致的应变平均值占总应变的 75.6%,1.25m 范围内的 4 束环锚张拉导致的应变平均值占总应变的 87.9%,距离 1.75m 处的 1 束环锚张拉产生了 6.23% 的应变变化,距离 2.25m

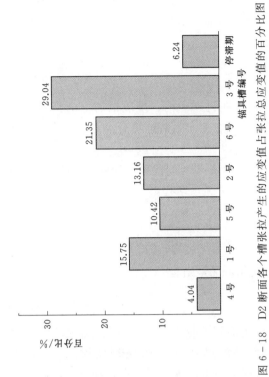

图 6－17　D1 断面各个槽张拉产生的应变值占张拉总应变值的百分比图

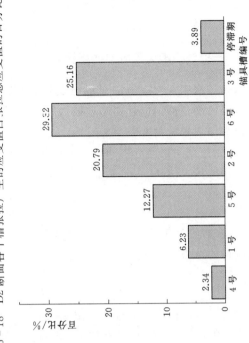

图 6－18　D2 断面各个槽张拉产生的应变值占张拉总应变值的百分比图

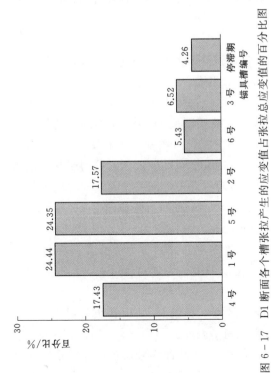

图 6－19　D3 断面各个槽张拉产生的应变值占张拉总应变值的百分比图

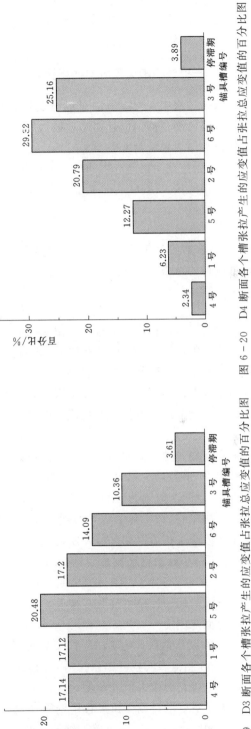

图 6－20　D4 断面各个槽张拉产生的应变值占张拉总应变值的百分比图

处的 1 束环锚张拉产生了 2.34％的应变变化，临锚效应在 2.25m 处依然存在，但影响已经非常小。N4 段张拉期间总共停滞 23h25min，D3 断面停滞期产生的应变约占总应变的 3.61％，D4 断面则为 3.89％。

6.5.2　张拉过程中非预应力钢筋受力规律

张拉过程中混凝土中钢筋应力变化数据由埋设在衬砌中内、外层钢筋上的钢筋计获取。采集仪测得的钢筋计初始数据为频数和温度，通过率定系数计算后，测取的值为钢筋计的拉力值，单位为 kN。

N3 张拉期间钢筋产生的拉力值变化按表 6－7 中 12 个时间段可分为 $T_{s1} \sim T_{s12}$，钢筋计所测得的拉力值 T_s 是混凝土中钢筋综合拉力变化情况，则有

$$T_s = \sum_{i=1}^{12} T_{si} \tag{6－4}$$

N4 张拉期间钢筋产生的拉力值变化按表 6－8 中 13 个时间段可分为 $T'_{s1} \sim T'_{s13}$，钢筋计所测得的拉力值 T'_s 是混凝土中钢筋综合拉力变化情况，则有

$$T'_s = \sum_{i=1}^{13} T'_{si} \tag{6－5}$$

而每一步的拉力值又包含了由张拉力变化产生的弹性拉力 T_{se}、混凝土徐变产生的拉力 T_{sc}、预应力损失产生的拉力 T_{sp} 和温度变化产生的拉力 T_{sT}。N3 和 N4 段张拉时，因每个锚具槽张拉时间较短，混凝土徐变变形和预应力损失造成的拉力变化都较小，且隧洞环境下短期内温度和湿度变化都很小，因而可近似认为环锚张拉期间钢筋计所测的拉力值变化等于钢筋的弹性拉力变化值，即

$$T_{si} = T_{sei} \tag{6－6}$$

在环锚张拉停滞期间，外力张拉荷载不再变化，钢筋产生的拉力变化主要由徐变产生的拉力 T_{sc} 和预应力损失（应力调整）产生的拉力 T_{sp} 组成。

N3 段两个监测断面 D1 和 D2 中埋设的钢筋计在张拉过程中拉力值变化过程曲线见图 6－21 和图 6－22，其中负号为钢筋受压。N4 段两个监测断面 D3 和 D4 中埋设的钢筋计在张拉过程中拉力值变化过程曲线见图 6－23 和图 6－24。由图 6－21 和图 6－22 可知，张拉前后 D1 断面钢筋拉力变化范围为 －6.02～－25.10kN，D2 断面钢筋拉力变化范围为 －6.14～－28.50kN。D1 和 D2 断面钢筋计为中垂线对称埋设，同一位置或对称位置的钢筋计所测的钢筋计拉力值非常接近。由图 6－23 和图 6－24 可知，张拉前后 D3 断面钢筋计拉力值范围为 －5.90～－15.04kN，D4 断面钢筋计拉力值范围为 －5.60～－15.34kN，D3 和 D4 断面钢筋计为轴向上同位置埋设，同一位置的钢筋计的拉力值非常接近。D1～D4 钢筋计测值表明，环锚张拉后，钢筋拉力值变化以中垂线为轴对称分布，同时，轴向上同一位置钢筋拉力值分布均匀。

为了更好的讨论张拉过程中钢筋计拉力形成的过程，将表 6－7 中各级工况下 N3 段两个监测断面 D1 和 D2 布置的钢筋计的拉力值变化列于表 6－13 和表 6－14，其中 D1 断面对应 5 号槽所在位置，D2 断面对应 6 号槽所在位置。D1 断面 5 号槽自身环锚张拉为第 2 和第 10 工序，D2 断面 6 号槽自身环锚张拉为第 5 和第 12 工序。

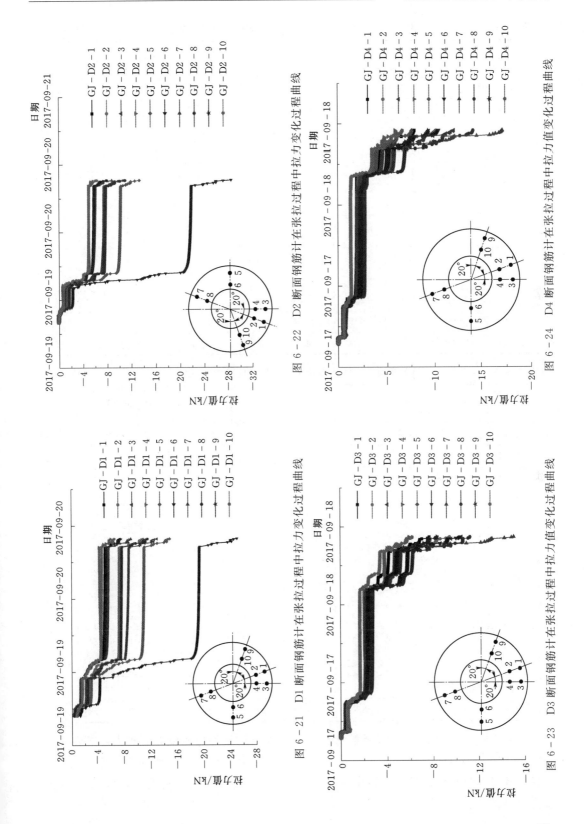

图 6-21　D1 断面钢筋计在张拉过程中拉力变化过程曲线

图 6-22　D2 断面钢筋计在张拉过程中拉力变化过程曲线

图 6-23　D3 断面钢筋计在张拉过程中拉力值变化过程曲线

图 6-24　D4 断面钢筋计在张拉过程中拉力值变化过程曲线

表 6 - 13　　　　　　　　　　D1 断面钢筋计在各级工况下所测的拉力值变化　　　　　　　单位：kN

工序	GJ-D1-1	GJ-D1-2	GJ-D1-3	GJ-D1-4	GJ-D1-5	GJ-D1-6	GJ-D1-7	GJ-D1-8	GJ-D1-9	GJ-D1-10
1	−0.49	−0.75	−0.74	−0.62	−1.06	−1.48	−0.38	−0.47	−0.53	−0.86
2	−0.91	−1.27	−1.45	−0.74	−1.60	−2.26	−0.82	−1.73	−0.89	−0.67
3	−0.07	−0.08	−0.13	−0.21	−0.30	−0.53	−0.13	−0.30	−0.05	−0.03
4	−0.72	−1.05	−0.98	−0.60	−1.23	−1.96	−0.63	−1.09	−0.58	−0.64
5	−0.11	−0.15	−0.31	−0.09	−0.42	−0.80	−0.17	−0.34	−0.23	−0.13
6	−0.32	−0.41	−0.79	−0.44	−1.42	−3.24	−0.51	−0.60	−0.67	−0.47
7	−1.39	−2.29	−2.41	−0.92	−2.62	−5.13	−1.29	−1.65	−1.23	−1.01
8	−0.74	−1.05	−1.31	−0.67	−1.73	−2.90	−1.16	−1.26	−0.79	−0.65
9	−0.33	−0.21	−0.66	0.10	−0.65	−1.08	−0.55	−0.23	−0.34	−0.18
10	−0.94	−1.55	−1.74	−0.67	−1.40	−1.84	−1.21	−1.62	−0.89	−0.57
11	−1.24	−1.91	−1.97	−1.03	−2.03	−3.08	−1.82	−1.98	−1.06	−1.19
12	−0.13	−0.16	−0.50	−0.12	−0.43	−0.81	−0.40	−0.32	−0.33	−0.14
总计	−7.41	−10.89	−13.00	−6.02	−14.90	−25.10	−9.06	−11.58	−7.58	−6.56

表 6 - 14　　　　　　　　　　D2 断面钢筋计在各级工况下所测的拉力值变化　　　　　　　单位：kN

工序	GJ-D2-1	GJ-D2-2	GJ-D2-3	GJ-D2-4	GJ-D2-5	GJ-D2-6	GJ-D2-7	GJ-D2-8	GJ-D2-9	GJ-D2-10
1	−0.13	−0.14	−0.01	0.10	−0.14	−0.28	−0.05	−0.22	−0.04	−0.13
2	−0.73	−1.03	−0.90	−0.50	−0.99	−1.45	−0.47	−1.12	−0.61	−0.50
3	−0.18	−0.15	−0.13	−0.05	−0.26	−0.51	−0.13	−0.32	−0.12	−0.08
4	−0.29	−0.34	−0.26	−0.04	−0.46	−1.00	−0.15	−0.31	−0.21	−0.17
5	−0.39	−0.62	−0.82	−0.50	−0.88	−1.06	−0.37	−0.84	−0.47	−0.28
6	−2.13	−2.96	−3.06	−3.24	−4.09	−8.62	−2.46	−2.95	−2.81	−2.61
7	−0.50	−0.66	−0.59	−0.04	−1.04	−3.51	−0.58	−0.24	−0.35	−0.26
8	−1.05	−1.37	−1.27	−0.65	−1.73	−4.05	−1.15	−1.47	−0.86	−0.73
9	−0.40	−0.18	−0.63	0.04	−0.65	−1.41	−0.69	−0.31	−0.41	−0.24
10	−0.34	−0.45	−0.47	−0.11	−0.40	−0.66	−0.24	−0.44	−0.24	−0.17
11	−0.74	−0.98	−0.82	−0.21	−1.12	−3.03	−0.92	−1.00	−0.57	−0.39
12	−1.02	−1.75	−1.83	−0.95	−1.57	−2.91	−1.58	−1.80	−1.28	−0.76
总计	−7.89	−10.64	−10.78	−6.14	−13.34	−28.50	−8.78	−11.01	−7.98	−6.32

　　将各级工况下 N4 段两个监测断面 D3 和 D4 布置的钢筋计的拉力值变化列于表 6 - 15 和表 6 - 16，其中 D3 断面对应 5 号槽所在位置，D4 断面对应 3 号槽和 6 号槽中间位置。D3 断面 5 号槽自身环锚张拉为第 3 和第 11 工序，D4 断面距离最近的环锚张拉工序为第 5、第 8 和第 13 工序。

表 6-15　　　　　　　　D3 断面钢筋计在各级工况下所测的拉力值变化　　　　　　　单位：kN

工序	GJ-D3-1	GJ-D3-2	GJ-D3-3	GJ-D3-4	GJ-D3-5	GJ-D3-6	GJ-D3-7	GJ-D3-8	GJ-D3-9	GJ-D3-10
1	−0.51	−0.74	−0.50	−0.38	−0.42	−0.51	−0.36	−0.40	−0.50	−0.58
2	0.01	−0.11	0.01	−0.10	−0.01	−0.03	−0.03	−0.17	−0.01	−0.02
3	−0.52	−0.48	−0.56	−0.61	−0.76	−0.82	−0.66	−0.81	−0.58	−0.32
4	−0.50	−0.61	−0.70	−0.62	−0.61	−0.72	−0.55	−0.62	−0.60	0.49
5	−0.52	−0.62	−0.49	−0.32	−0.43	−0.51	−0.43	−0.56	−0.52	−0.25
6	−0.17	0.12	−0.21	0.04	−0.20	−0.17	−0.16	−0.12	−0.18	−0.02
7	−0.95	−1.35	−1.66	−1.58	−1.60	−2.12	−1.71	−2.41	−1.43	−0.65
8	−0.90	−1.11	−0.99	−0.17	−0.60	−0.82	−0.78	−0.98	−0.96	−1.01
9	−0.09	−0.03	−0.12	0.02	−0.05	−0.08	−0.07	−0.14	−0.11	−0.09
10	−1.07	−1.35	−1.28	−0.40	−0.97	−0.95	−0.84	−1.49	−0.98	−1.02
11	−1.06	−1.18	−1.54	−0.99	−1.10	−1.32	−3.80	−1.61	−1.07	−0.41
12	−0.50	−0.82	−1.20	−0.52	−0.92	−1.17	−3.35	−1.28	−0.62	−0.74
13	−0.89	−1.17	−1.23	−0.25	−0.66	−1.15	−2.29	−0.63	−0.77	−0.54
总计	−7.68	−9.43	−10.47	−5.90	−8.33	−10.35	−15.04	−11.23	−8.33	−6.15

表 6-16　　　　　　　　D4 断面钢筋计在各级工况下所测的拉力值变化　　　　　　　单位：kN

工序	GJ-D4-1	GJ-D4-2	GJ-D4-3	GJ-D4-4	GJ-D4-5	GJ-D4-6	GJ-D4-7	GJ-D4-8	GJ-D4-9	GJ-D4-10
1	−0.47	−0.59	−0.03	−0.49	−0.44	−0.57	−0.39	−0.56	−0.51	−0.55
2	0.02	−0.04	−0.57	−0.02	−0.04	−0.10	−0.09	−0.23	−0.03	−0.03
3	−0.28	−0.27	−0.26	−0.33	−0.41	−0.56	−0.42	−0.49	−0.39	−0.21
4	−0.14	−0.09	−0.22	−0.44	−0.15	−0.15	−0.17	−0.20	−0.29	−0.22
5	−0.83	−1.05	−1.05	−0.77	−0.73	−0.86	−0.72	−0.98	−0.85	−0.24
6	−0.14	0.05	−0.29	0.03	−0.18	−0.16	−0.19	−0.20	−0.19	−0.01
7	−0.02	0.01	−0.17	−0.14	−0.16	−0.33	−0.21	−0.22	−0.32	−0.04
8	−2.07	−3.17	−2.74	−1.09	−1.60	−2.05	−1.98	−3.41	−2.10	−2.01
9	−0.15	−0.17	−0.25	−0.07	−0.13	−0.20	−0.22	−0.30	−0.22	−0.16
10	−1.03	−1.26	−1.53	−0.74	−1.06	−1.24	−1.07	−2.13	−1.20	−1.11
11	−0.49	−0.54	−0.89	−0.42	−0.58	−0.79	−3.65	−1.03	−0.69	−0.30
12	−0.10	−0.07	−0.46	−0.05	−0.26	−0.43	−1.99	−0.58	−0.27	−0.36
13	−1.41	−1.81	−2.15	−1.06	−1.24	−1.95	−4.23	−2.46	−1.52	−0.67
总计	−7.11	−8.99	−10.61	−5.60	−6.98	−9.39	−15.34	−12.78	−8.59	−5.92

表 6-13～表 6-16 中钢筋计的拉力变化表明，与监测断面间距越小的环锚张拉时，监测断面产生的钢筋应力值越大，临锚效应就越明显。为了更明了的分析各工况给监测断面钢筋计应力值带来的影响，沿水流方向对每个槽张拉对监测断面的影响进行汇总，张拉

时每个槽从 0 张拉至 100％设计荷载时对 D1～D4 断面产生的拉力值占 D1～D4 整个张拉过程总拉力值的百分比见图 6-25～图 6-28，计算时各个槽所占的百分比值均取整个断面所有钢筋计拉力值的平均值。

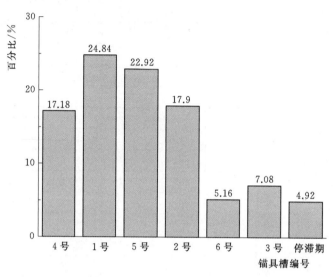

图 6-25　D1 断面各个槽张拉产生的钢筋拉力值占张拉总拉力值的百分比图

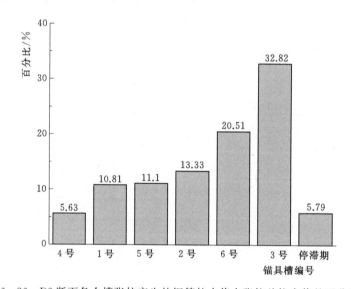

图 6-26　D2 断面各个槽张拉产生的钢筋拉力值占张拉总拉力值的百分比图

对比钢筋计和应变计测值结果，两者在同一断面表现的规律非常接近，由图 6-25～图 6-28 表明，与监测断面距离接近的槽张拉产生的临锚效应几乎一致，随着张拉槽与监测断面距离越大，张拉产生的拉力值越小。张拉环锚与监测断面间距超过 2m 后，对监测断面拉力值变化的影响非常微弱。N3 段张拉期间总共停滞 18h 42min，D1 断面停滞期产生的拉力值约占总拉力值的 4.92％，D2 断面则为 5.79％。N4 段张拉期间总共停滞 23h 25min，D3 断面停滞期产生的钢筋计拉力平均值占总拉力值的 2.45％，D4 断面则为

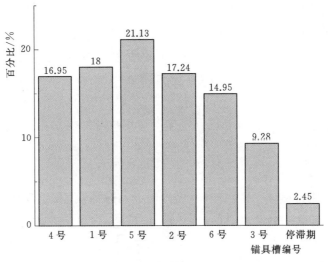

图 6-27 D3 断面各个槽张拉产生的钢筋拉力值
占张拉总拉力值的百分比图

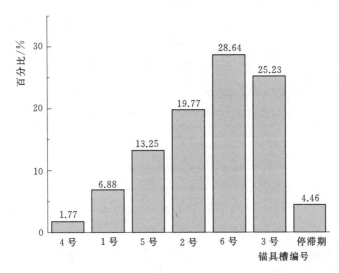

图 6-28 D4 断面各个槽张拉产生的钢筋拉力值占张拉总拉力值的百分比图

4.46%。停滞期内所有断面监测的拉力值增加，说明张拉后的停滞期，衬砌内部钢筋应力进行了较大的调整。

由上述数据分析可知整个张拉过程，监测断面的总应变值（拉力值）只有 20.5%~29.3% 是由监测断面所在位置的环锚张拉产生的，临锚效应产生的应变值（拉力值）占总应变值（拉力值）的 66.8%~76.4%，停滞期产生的应变值（拉力值）占总应变值（拉力值）的 2.45%~6.2%。

6.5.3 张拉后衬砌预应力分布规律

根据强度的定义，钢筋计所测拉力值 T 和钢筋强度 σ_s 关系为

$$T = \sigma_s S \qquad (6-7)$$

式中：S 为钢筋截面面积，试验中钢筋直径为 22mm。

根据虎克定律，钢筋计强度值 σ_s 与应变 ε_s 的关系有

$$\sigma_s = E_s \varepsilon_s \qquad (6-8)$$

式中：E_s 为钢筋弹性模量。

同理，混凝土强度值 σ_c 与应变 ε_c 的关系有

$$\sigma_c = E_c \varepsilon_c \qquad (6-9)$$

式中：E_c 为混凝土弹性模量。

在环锚期间，环锚衬砌一直处于弹性变形阶段，钢筋与混凝土没有出现相对滑移，可以认为埋设的钢筋和混凝土变形协调，即同一位置点 $\varepsilon_s = \varepsilon_c$，则该位置混凝土的等效应力为

$$\sigma_c = \frac{\sigma_s}{E_s} E_c \qquad (6-10)$$

综上所述，由混凝土应变计监测的应变值变化可计算应变计埋设点的混凝土应力值，同时根据钢筋计监测的拉力值变化也可计算出钢筋计埋设位置混凝土的应力值。

根据上述方法计算 N3 和 N4 段环锚张拉前、后衬砌混凝土的环向应力，计算时钢筋弹性模量 E_s 取值为 200GPa，C40 混凝土弹性模量 E_c 取值为 36.0GPa。D1～D4 断面埋设的钢筋计和应变计计算的混凝土应力值见表 6-17。同一位置钢筋计和应变计测值关系

表 6-17　　　　D1～D4 断面钢筋计和应变计监测结果计算的混凝土应力值

D1 断面钢筋计编号	1	2	3	4	5	6	7	8	9	10
混凝土应力值/MPa	−3.5	−5.2	−6.2	−2.9	−7.1	−11.9	−4.3	−5.5	−3.6	−3.1
D1 断面应变计编号	1	2	3	4	5	6	7	8	9	10
混凝土应力值/MPa	−3.1	−4.3	−4.5	−2.5	−6.0	—	−3.3	−5.1	−3.0	−2.7
D2 断面钢筋计编号	1	2	3	4	5	6	7	8	9	10
混凝土应力值/MPa	−3.7	−5.0	−5.1	−2.9	−6.3	−13.5	−4.2	−5.2	−3.8	−3.0
D2 断面应变计编号	1	2	3	4	5	6	7	8	9	10
混凝土应力值/MPa	—	—	−4.2	—	—	—	−4.2	—	−3.4	−2.7
D3 断面钢筋计编号	1	2	3	4	5	6	7	8	9	10
混凝土应力值/MPa	−3.6	−4.5	−5.0	−2.8	−3.9	−4.9	−7.1	−5.3	−3.9	−2.9
D3 断面应变计编号	1	2	3	4	5	6	7	8	9	10
混凝土应力值/MPa	−3.0	−3.6	−5.0	−2.6	−3.9	−4.2	—	−4.8	−3.5	−2.6
D4 断面钢筋计编号	1	2	3	4	5	6	7	8	9	10
混凝土应力值/MPa	−3.4	−4.3	−5.0	−2.7	−3.3	−4.4	−7.3	−6.1	−4.1	−2.8
D4 断面应变计编号	1	2	3	4	5	6	7	8	9	10
混凝土应力值/MPa	—	−3.6	−4.5	−2.3	−2.8	−4.0	−6.9	−5.4	—	—

注　"−"表示应变计因浇筑过程中损坏或测值异常。

见图 6-29，由图 6-29 可知，同一位置钢筋计和应变计计算得到的混凝土应力值有较好的线性相关性，D1~D4 断面埋设的 40 只钢筋计全部成活，而应变计有 11 只失效，因而考虑用钢筋计来进行衬砌预应力状态分析。

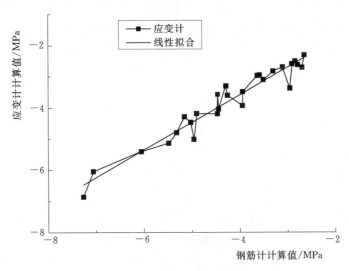

图 6-29　钢筋计和应变计计算值匹配关系图

D1~D4 断面钢筋计计算得到的衬砌应力分布见图 6-30~图 6-33，其中压应力为负，环绕角度按时钟 12 点位置（衬砌顶部）为 0°，顺时针环绕，数据点所处角度位置即为钢筋计在衬砌环向上角度的布置位置。由图 6-30 和图 6-31 可知，N3 段衬砌在环锚张拉后，混凝土整体受压，钢筋计反应的衬砌混凝土预应力范围为 -2.9~-13.5MPa，最大值出现在 90°或 270°位置的衬砌内侧，该部位 D1 和 D2 断面埋设的两只内侧钢筋计均正常工作，D1 断面为 -11.9MPa，D2 断面为 -13.5MPa。外侧两只钢筋计正常工作，应

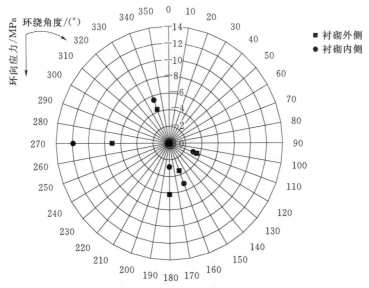

图 6-30　D1 断面环锚张拉后衬砌混凝土应力状态

变计损坏 1 只，说明衬砌混凝土在该处受力较大。预应力最小值出现在锚具槽附近的底部部位，在衬砌结构设计时，为防止锚具槽部位应力集中，锚具槽附近加强了配筋，该部位钢筋混凝土弹性模量要大于整体衬砌混凝土，因而环锚张拉后，该部位埋设的应变计应变变化较小，钢筋计受力也较小，再加上锚具槽临空面的作用，导致该处预应力较其他部位要小，但钢筋计所测最小值也达到了—2.9MPa，满足预应力衬砌的要求。对比 D1 和 D2 两个监测断面预应力值，轴向同位置预应力大小接近，均匀性好，环向预应力分布除个别点，整体均匀性也较好。

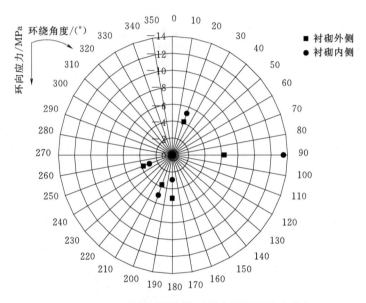

图 6-31 D2 断面环锚张拉后衬砌混凝土应力状态

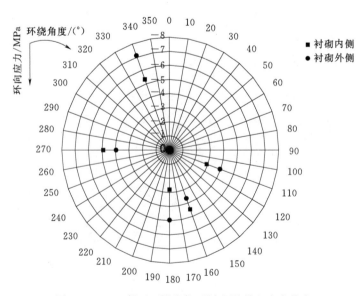

图 6-32 D3 断面环锚张拉后衬砌混凝土应力状态

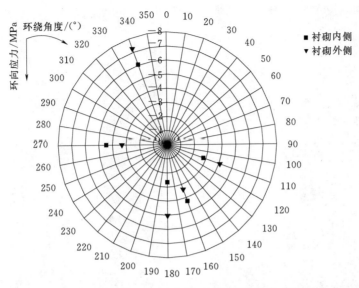

图 6-33　D4 断面环锚张拉后衬砌混凝土应力状态

由图 6-32 和图 6-33 可知，N4 段衬砌在环锚张拉后，混凝土整体受压，钢筋计反应的衬砌混凝土预应力范围为 -2.7~-7.3MPa，最大值出现在顶部 340° 位置的衬砌外侧，该部位 D3 断面和 D4 断面埋设的两只外侧钢筋计均正常工作，D3 断面应力大小为 -7.1MPa，D4 断面为 -7.3MPa，预应力最小值和 N3 断面一样出现在锚具槽附近的底部部位，主要由于临空面和局部加强配筋引起仪器测值偏小。但最小值也达到了 -2.7MPa，满足预应力衬砌的要求。对比 D3 和 D4 两个监测断面预应力值，轴向同位置预应力大小接近，均匀性好，环向预应力分布除个别点，整体均匀性也较好。

N3 和 N4 段衬砌在设计参数上只有衬砌厚度不一样，N3 段衬砌厚度为 0.45m，N4 段为 0.50m，两者预应力效果相比，衬砌厚度更厚的 N4 段预应力在环向上分布比 N3 段更为均匀。

6.5.4　张拉后锚具槽周围应力状态

已有资料表明，张拉过程中因锚具槽部位混凝土缺失，易形成应力集中区域，所以在张拉时，采用混凝土应变片重点监测了张拉时锚具槽附近混凝土的应力应变情况，监测方案布置见图 6-11，现场典型布置实图见图 6-34。将锚具槽张拉前后应变换算成应力后，对多个槽测值汇总形成等值线图。图 6-35 即为 D1 断面 1 号锚具槽在环锚张拉后混凝土表面应力等值线图。图 6-35 中锚具槽尺寸单位为 m，等值线应力单位为 MPa。由图 6-35 可知，环锚张拉后，锚具槽及其周边区域是预应力效果的薄弱区，受力比较复杂，锚具槽长度方向两端（张拉端与锚固端）预应力值都较小，衬砌预应力薄弱区主要分布在锚具槽环向的临空面附近，局部出现了受拉区，最大拉应力小于 0.5MPa，低于 C40 混凝土抗拉强度。衬砌受压最大区域分布在相邻锚具槽间，实测最大值为 -7.89MPa。整个锚具槽附近混凝土大部分为受压，压应力集中为 -3.5~-6.5MPa。其中两侧薄弱受力区域在锚具槽回填微膨胀自密实混凝土后将会得到改善。

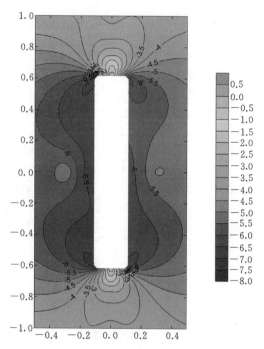

图 6-34　典型的现场锚具槽附近
混凝土应变片测试布置实图

图 6-35　张拉后锚具槽附近应力
等值线图（单位：MPa）

6.6　无黏结预应力环锚的力学特性变化规律

6.6.1　张拉条件下环锚受力变化规律

D1 和 D3 断面埋设了锚索测力计用于测定整束环锚张拉过程及锁定后的拉力值变化，图 6-36 和图 6-37 为 D1 断面和 D3 断面张拉过程中环锚拉力值变化图。由此可知，每级

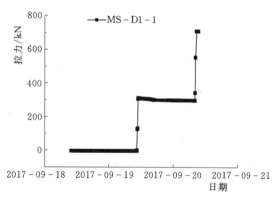

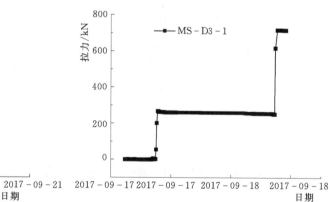

图 6-36　D1 断面锚索测力计
张拉过程中拉力变化

图 6-37　D3 断面锚索测力计
张拉过程中拉力变化

张拉时，环锚拉力值都会有明显的变化，环锚张拉完毕后，D1 断面环锚锁定值为 708.93kN，D3 断面为 715.4kN，张拉 100％设计荷载时千斤顶张拉力为 781.2kN，根据锚索测力计测试结果计算 D1 断面锚具槽张拉时偏转器和千斤顶预应力损失为 9.4％，D3 断面为 8.4％。

为了更好的讨论张拉过程中锚束拉力变化的过程，将表 6-7 中各级工况下 D1 断面监测的锚束拉力变化值列于表 6-18，锚束张拉对应 5 号槽所在位置，自身环锚张拉为第 2 和第 10 工序。将表 6-8 中各级工况下 D3 断面监测的锚束拉力变化值列于表 6-19，锚束张拉对应 5 号槽所在位置，自身环锚张拉为第 3 和第 11 工序。表 6-18 和表 6-19 中锚束的拉力变化表明，锚束拉力只有在自身环锚张拉时才会大幅度变化，其他工况下锚束拉力值变化很小，但在不同工况下拉力值均出现减小，与监测断面间距越小的环锚张拉时，锚索测力计的测值减小量越大。

<table>
<tr><td colspan="3">表 6-18 D1 断面锚束在各级工况
张拉时的拉力变化</td></tr>
<tr><td>工 况</td><td>工况序号</td><td>拉力值变化
/kN</td></tr>
<tr><td>2 号槽 0～50％</td><td>1</td><td>−4.01</td></tr>
<tr><td>5 号槽 0～50％</td><td>2</td><td>310.46</td></tr>
<tr><td>停滞期</td><td>3</td><td>−0.14</td></tr>
<tr><td>1 号槽 0～50％</td><td>4</td><td>−0.93</td></tr>
<tr><td>6 号槽 0～50％</td><td>5</td><td>−0.53</td></tr>
<tr><td>3 号槽 0～100％</td><td>6</td><td>−1.52</td></tr>
<tr><td>4 号槽 0～100％</td><td>7</td><td>−3.01</td></tr>
<tr><td>2 号槽 50％～100％</td><td>8</td><td>−1.08</td></tr>
<tr><td>停滞期</td><td>9</td><td>−2.70</td></tr>
<tr><td>5 号槽 50％～100％</td><td>10</td><td>413.81</td></tr>
<tr><td>1 号槽 50％～100％</td><td>11</td><td>−0.72</td></tr>
<tr><td>6 号槽 50％～100％</td><td>12</td><td>−0.70</td></tr>
<tr><td>总计</td><td></td><td>708.93</td></tr>
</table>

<table>
<tr><td colspan="3">表 6-19 D3 断面锚束在各级工况
张拉时的拉力变化</td></tr>
<tr><td>工 况</td><td>工况序号</td><td>拉力值变化
/kN</td></tr>
<tr><td>2 号槽 0～50％</td><td>1</td><td>−0.41</td></tr>
<tr><td>停滞期</td><td>2</td><td>−0.76</td></tr>
<tr><td>5 号槽 0～50％</td><td>3</td><td>267.81</td></tr>
<tr><td>1 号槽 0～50％</td><td>4</td><td>−0.14</td></tr>
<tr><td>6 号槽 0～50％</td><td>5</td><td>−4.63</td></tr>
<tr><td>停滞期</td><td>6</td><td>−3.48</td></tr>
<tr><td>4 号槽 0～100％</td><td>7</td><td>−1.61</td></tr>
<tr><td>3 号槽 0～100％</td><td>8</td><td>−2.14</td></tr>
<tr><td>停滞期</td><td>9</td><td>−0.32</td></tr>
<tr><td>2 号槽 50％～100％</td><td>10</td><td>−1.50</td></tr>
<tr><td>5 号槽 50％～100％</td><td>11</td><td>464.47</td></tr>
<tr><td>1 号槽 50％～100％</td><td>12</td><td>−0.29</td></tr>
<tr><td>6 号槽 50％～100％</td><td>13</td><td>−1.60</td></tr>
<tr><td>总计</td><td></td><td>715.4</td></tr>
</table>

按照每个工况张拉的环锚与监测断面的间距，将 D1 断面和 D3 断面不同间距的环锚张拉产生的锚索测力计测值变化占监测断面自身环锚张拉时总拉力值的百分比进行汇总，汇总结果见表 6-20 和表 6-21。

表 6-20   D1 断面锚束拉力不同张拉因素组成百分比

工 况	占总拉力的百分比/％	工 况	占总拉力的百分比/％
相距 0m 的 1 束环锚张拉	100.00	相距 1.5m 的 1 束环锚张拉	−0.21
相距 0.5m 的 2 束环锚张拉	−0.93	停滞期	−0.39
相距 1.0m 的 2 束环锚张拉	−0.59	合计	97.88

表 6-21　　　　　　　　　　D3 断面锚束拉力不同张拉因素组成百分比

工　况	占总拉力的百分比/%	工　况	占总拉力的百分比/%
相距 0m 的 1 束环锚张拉	100.00	相距 1.5m 的 1 束环锚张拉	-0.29
相距 0.5m 的 2 束环锚张拉	-0.89	停滞期	-0.62
相距 1.0m 的 2 束环锚张拉	-0.50	合计	97.7

　　对比前面钢筋计和应变计在相同张拉工况下的表现，结果表明，当 N3 段其他环锚张拉时，D1 断面混凝土应变计和钢筋计的读数都会产生明显变化，而锚索测力计的拉力变化却非常小，D3 断面表现的规律和 D1 断面完全一致，这表明，张拉其他环锚时会对监测断面混凝土衬砌的应力状态产生明显影响，但对监测断面的环锚拉力影响很小。而停滞期锚索测力计的数值也会有所减小，主要由混凝土徐变和钢绞线的应力松弛以及应力调整所致，值得一提的是，每一束环锚在前几级张拉荷载作用下停滞期内产生的环锚预应力损失以及临锚效应产生的预应力损失，可通过最后一级张拉到 100% 设计荷载补回，而张拉到 100% 设计荷载锁定后的预应力损失将一直存在。

6.6.2　张拉过程中环锚预应力损失

6.6.2.1　沿程实测张拉力分析

　　锚索测力计只能掌握整束环锚张拉力在锚固端的拉力变化，钢绞线沿程损失无法监测，因而布置了 C1～C3 三个断面（见图 6-9）进行钢绞线沿程损失分析，通过在单根钢绞线不同位置布设磁通量传感器（见图 6-10），在各级张拉荷载作用下（见表 6-6）测量单根钢绞线的拉力值，便可计算出各级张拉荷载作用下不同位置钢绞线预应力损失沿程分布系数。4 根环锚 100% 设计荷载理论张拉值为 781.2kN，单根平均理论值为 195.3kN，C1～C3 断面单根环锚不同位置在各级张拉荷载作用下环锚的受力情况见图 6-38～图 6-40。由图 6-38～图 6-40 可知，3 个断面所测的单根环锚的拉力值分布规律几乎一致，这表明不同断面的锚索张拉时，钢绞线拉力在轴向上分布非常均匀，张拉工艺得到了有效实施，张拉效果得到了保证。

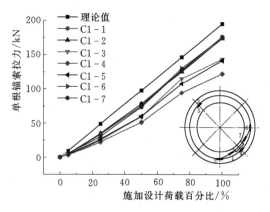

图 6-38　C1 断面单根环锚不同位置
在张拉时的拉力值分布图

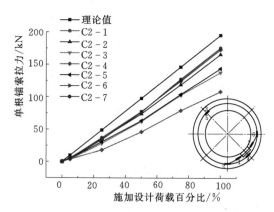

图 6-39　C2 断面单根环锚不同位置
在张拉时的拉力值分布图

由于 C1~C3 断面同一位置在同一级张拉荷载下测值非常接近，因而取 3 组测值的平均值进行分析。表 6-22 汇总了 C1~C3 断面同一位置的拉力平均值，当环锚张拉至设计荷载 100% 时，1~7 号位置环锚受力在衬砌空间位置上的分布见图 6-41，以锚具槽中心线为对称轴，1 号和 7 号位置靠近锚具槽，这两处位置拉力值最大且测值几乎相等，其次是 2 号和 6 号位置拉力值相近，且由于 2 号和 6 号与 1 号和 7 号沿程距离相差不大，延迟损失差别较小，4 个位置的拉力值较为接近，随

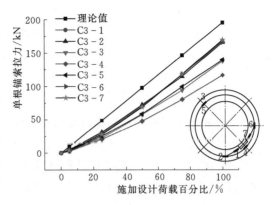

图 6-40　C3 断面单根环锚不同位置在张拉时的拉力值分布图

着钢绞线离锚具槽的距离越远，拉力值下降，3 号和 5 号位置距离锚具槽沿程距离相近，因而二者拉力值相近，4 号位置离锚具槽沿程距离最大，因而拉力值最小。

表 6-22　　　　环锚张拉时单根环锚不同位置受力情况表

设计荷载/%	理论值/kN	不同位置受力情况/kN						
		1 号	2 号	3 号	4 号	5 号	6 号	7 号
0.0	0.0	0.0	0.0	0.0	0.0	0.0	0.0	0.0
5.0	9.8	5.2	5.0	3.8	3.2	4.2	4.8	4.7
25.0	48.8	33.9	33.9	25.2	20.4	27.5	32.4	30.7
50.0	97.7	75.6	74.7	59.9	48.4	60.6	73.8	73.0
75.0	146.5	123.0	119.6	104.0	84.6	103.7	124.7	124.5
100.0	195.3	172.4	168.6	139.9	115.8	141.8	171.7	173.9

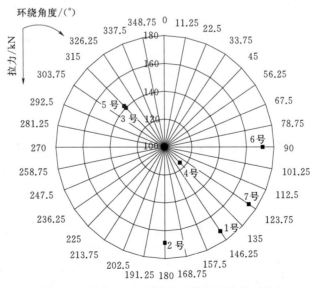

图 6-41　张拉至 100% 荷载时单根环锚受力状态

1 号和 7 号位置测值离锚具锁定位置最近，且 2 个位置都是环锚直线段，可近似认为二者的平均值即为单根环锚张拉锁定的锚固力值，经计算 C2 断面整束环锚的锚固力值为 697.8kN，张拉时的张拉台座的损失（包含偏转器损失、千斤顶损失和夹片损失等）为 10.7%，而该断面锚索测力计在张拉锁定后的测值为 708.9kN，偏转器和千斤顶预应力损失为 9.4%，两种测试手段数据较匹配，说明两种测试手段的试验数据可靠。

6.6.2.2　沿程分布系数及钢绞线摩擦系数的计算

磁通量传感器所测的是单根环锚的拉力值，取其为 4 根环锚的平均值计算一束 4 根锚索的拉力值，并根据磁通量传感器的埋设位置计算磁通量传感器所测各点的位置参数，结合磁通量传感器实测数据，根据第 3 章的计算方法进行分析，结果见表 6-23。

表 6-23　摩擦系数计算参数表

磁通量传感器位置及编号	第一圈			第二圈	
	2 号	3 号	4 号	5 号	6 号
$\alpha/(°)$	45	180	360	180	45
θ_1 或 $\theta_2/(°)$	35	170	350	170	35
θ_1 或 θ_2/rad	0.6109	2.9671	6.1087	2.9671	0.6109
x_1 或 x_2/m	2.334	11.334	23.335	11.334	2.334
单根锚索拉力值/kN	168.56	139.91	115.77	141.78	171.68
4 根锚索拉力值/kN	674.25	559.64	463.08	567.12	686.70
σ_{11} 或 σ_{12}/MPa	1204.02	999.35	826.93	1012.71	1226.26
σ_1	1236.81	1236.81	1236.81	1236.81	1236.81
$\dfrac{\sigma_{11}}{\sigma_1}$	0.9735	0.8080	0.6686	0.8188	0.9915
$-\ln\dfrac{\sigma_{11}}{\sigma_1}$ 或 $-\ln\dfrac{\sigma_{12}}{\sigma_1}$	0.0269	0.2132	0.4026	0.1999	0.0086

现场测得数据采用下式进行线性回归分析：

$$\begin{cases} kx_1 + \mu\theta_1 = -\ln\dfrac{\sigma_{11}}{\sigma_1} \\ kx_2 + \mu\theta_2 = -\ln\dfrac{\sigma_{12}}{\sigma_1} \end{cases} \tag{6-11}$$

根据表 6-23，计算得 $k=0.0012$，$\mu=0.0638$。实测 k 和 μ 值可为数值计算提供数据支撑。

由于采用了双圈钢绞线形式，钢绞线张拉损失及钢绞线小圆弧段的存在，衬砌沿程应力分布不是均匀的，应根据需要予以适当折减。定义沿程应力分布系数 β 为

$$\beta = \frac{\sigma}{\sigma_{con}} \tag{6-12}$$

计算钢绞线环面不同位置的应力。其中 $\sigma_{con} = 1860 \times 0.75MPa = 1350MPa$，$\sigma$ 取施工期 $\sigma_{施工}$，$\sigma_{施工} = \sigma_{有效}$ 按式（6-11）计算，在采用磁通量传感器测试时，$\sigma_{施工}$ 通过各个位置测试的单根环锚拉力值来计算 4 根环锚的拉力值，从而计算出 σ。

根据表 6-22 计算 N3 段张拉过程中钢绞线不同位置的实测沿程应力分布系数，计算

结果见图 6-42。由图 6-42 可知，在张拉过程中越靠近锚具位置，分布系数越小，因钢绞线摩阻产生的预应力损失就越小。当张拉至 100％设计荷载时，7 号传感器位置的分布系数最大，值为 0.889，4 号传感器位置的分布系数最小，值为 0.592，7 个位置分布系数的平均值为 0.792，所测数据充分表明了无黏结环锚预应力钢绞线张拉后预应力损失小，且在环向上应力分布较均匀。

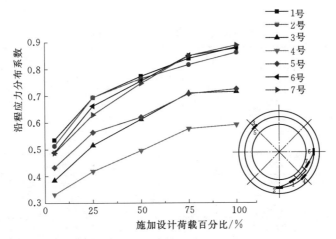

图 6-42　N3 段张拉过程中钢绞线不同位置的沿程应力分布系数

6.6.3　张拉后环锚受力变化特征

D1 断面和 D3 断面锚索测力计从张拉开始到进行内水加载试验之前，测值随时间变化曲线见图 6-43 和图 6-44，两只锚索测力计测值随时间变化的损失率情况见表 6-24，图 6-43、图 6-44 和表 6-24 均表明，环锚锁定后，锚索测力计的测值随时间变化不断减小，锁定初期主要由于环锚沿程损失导致的内部应力调整、锚具回缩等因素引起，后期主要由混凝土徐变和钢绞线应力松弛引起，锚索测力计测值在张拉锁定后 1d 内损失较快，D1 断面 1d 损失 1.0％，D3 为 0.5％；7d 时 D1 断面的损失率为 1.6％，D3 为 1.9％；14d

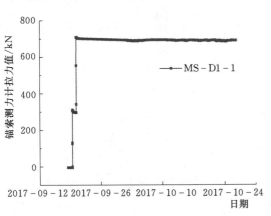

图 6-43　D1 断面锚索测力计测值变化图

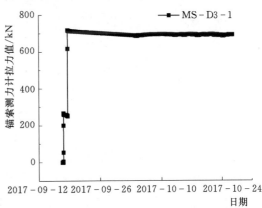

图 6-44　D3 断面锚索测力计测值变化图

后预应力损失 D1 断面为 2.9%，D3 为 3.5%；14d 以后预应力损失速率减慢，到张拉一个月时，D1 断面预应力损失率为 2.9%，D3 断面为 3.8%，说明锚索测力计的拉力损失到一个月左右基本稳定。结合前面钢筋计和应变计的发展趋势来看，锚索测力计在施工扰动期内，受影响非常小，且环锚拉力一直处于衰减状态，而钢筋计和应变计测值则是上升状态，这也间接说明衬砌预应力在张拉后的增长发展是由混凝土自身力学特性的变化和外力变化导致的。

表 6 - 24　　　　　　　　　　　锚索测力计损失率随时间变化情况

时　间	MS - D1 - 1		MS - D3 - 1	
	拉力值/kN	损失率%	拉力值/kN	损失率%
张拉锁定值	708.15		715.41	
锁定 12h 后	702.63	0.8	712.85	0.4
锁定 1d 后	701.36	1.0	711.56	0.5
锁定 2d 后	700.30	1.1	709.72	0.8
锁定 3d 后	699.67	1.2	708.05	1.0
锁定 7d 后	696.52	1.6	701.71	1.9
锁定 14d 后	687.59	2.9	690.34	3.5
锁定 30d 后	687.86	2.9	688.42	3.8

图 6 - 45 为磁通量传感器测得的钢绞线沿程应力分布系数随时间变化情况。从图 6 - 45 可知，钢绞线不同位置的拉力，在环锚锁定 1d 后，调整较大，靠近锚具槽位置的分布系数均下调了不少，而远离锚具槽部位的分布系数则上升，完全符合无黏结钢绞线应力调整的趋势，张拉 1d 后到 30d 时，各位置的分布系数均小幅下降，说明短期应力调整到位后，由于混凝土徐变和钢绞线松弛的影响，分布系数随应力损失逐步减小。结合锚索测力计和磁通量传感器数据来看，在张拉锁定 24h 内，环锚的受力变化主要以应力调整为主，靠近锚具槽部位拉力下降，远离锚具槽部位拉力上升，1d 后应力大幅调整基本到位，拉力变化开始转入以混凝土徐变和钢绞线应力松弛为主，到 14～30d 后基本稳定。图 6 - 45

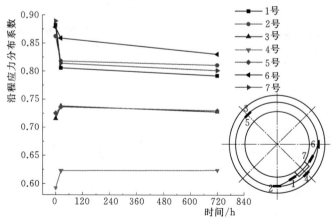

图 6 - 45　钢绞线不同位置的沿程应力分布系数随时间变化曲线

表明，张拉结束 30d 后，6 号传感器位置的分布系数最大，值为 0.830，4 号传感器位置的分布系数最小，值为 0.624，7 个位置分布系数的平均值为 0.759，经过应力调整后，环锚不同位置的应力分布系数更为均匀。

6.7　衬砌与围岩相互作用特点

6.7.1　测缝计监测结果

张拉过程中由于环锚张拉，衬砌受"箍紧力"作用向内收缩，衬砌与围岩可能脱开，小浪底监测数据表明，环锚结构张拉后衬砌上半部存在与围岩脱开现象，而衬砌下半部由于重力作用仍与围岩紧密接触。因而试验中通过在衬砌顶部和侧部埋设测缝计来监测衬砌和围岩的接触关系。图 6-46 和图 6-47 为 D1 断面和 D2 断面埋设于衬砌和围岩之间的测

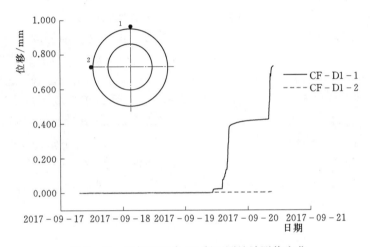

图 6-46　张拉过程中 D1 断面测缝计测值变化

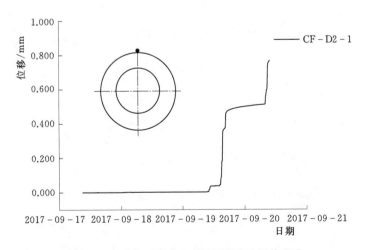

图 6-47　张拉过程中 D2 断面测缝计测值变化

缝计在张拉期间的位移变化情况。由图 6-46 和图 6-47 可知，张拉过程中 D1 断面和 D2 断面的顶部衬砌和围岩均出现了缝隙，且随着张拉力的增大，缝隙宽度逐渐增大，张拉结束时，D1 断面缝隙宽度为 0.73mm，D2 断面为 0.75mm。而侧部（9 点钟位置）测缝计在张拉过程中位移变化量非常小，到张拉结束时，缝宽仅 0.005mm，可认为此处衬砌与围岩仍处于接触状态。上部其他位置的缝宽可认为介于两者之间，越靠近顶部，缝宽越大。

6.7.2　土压力计监测结果

由图 6-48 和图 6-49 所示安装在 D1 断面和 D2 断面的土压力在张拉期间的测值变化可知，D1 断面张拉过程中 1 号、2 号土压力计读数变化很小，3 号土压力计接触应力张拉后减小，4 号、5 号土压力计接触应力张拉后增大。分析张拉结果，3 号土压力计位于衬砌顶部，测缝计测试结果显示张拉时顶部衬砌与围岩脱开，因而接触应力是减小的趋势，3 号土压力计张拉后，接触应力减小了 32kPa，与测缝计测试结果相匹配。1 号和 5 号土压力计各自位于底部 45°位置，张拉时，5 号土压力计张拉后接触应力增大 67kPa，而 1 号测值几乎没有变化。2 号和 4 号土压力计分别位于衬砌两侧，在张拉过程中 2 号土压力计测值几乎没有变化，4 号土压力计测值增大约 6kPa，结合 2 号位置测缝计测试结果，D1 断面位置的衬砌在张拉时，有向锚具槽（5 号土压力计位置）发生微变形的趋势。D2 断面土压力计监测结果和 D1 断面稍有不同，顶部位置 3 号土压力计张拉后接触应力减小 36kPa，测值变化趋势和 D1 断面一致，1 号和 4 号土压力计在整个张拉过程中接触应力变化值都在 0 附近波动，2 号土压力计在张拉结束后接触应力增大了 11kPa，5 号土压力计张拉期间受相邻环锚张拉作用接触应力减小了 6.6kPa，到所有锚具槽张拉结束后，接触应力变化又恢复到 0 附近。

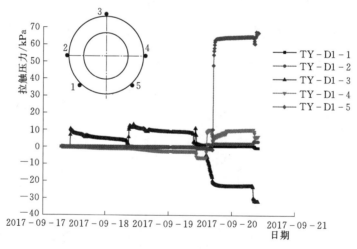

图 6-48　张拉过程中 D1 断面土压力计测值变化图

整体而言，张拉过程中，仅顶部土压力计变化趋势明显，其余位置土压力计测值变化不明显，说明张拉过程中，锚索张拉对衬砌和围岩的接触关系改变主要在顶部。

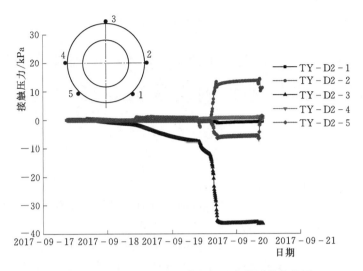

图 6-49　张拉过程中 D2 断面土压力计测值变化图

6.7.3　多点位移计监测结果

由张拉过程中 D1 断面布置的多点位移计位移变化情况（见图 6-50）可知，侧部多点位移计在张拉过程中读数在 0 附近波动，属于仪器正常误差范围内波动，顶部多点位移计在张拉后，2m 和 10m 处分别向衬砌方向发生了 0.0486mm 和 0.0446mm 的位移，说明张拉过程中，顶部衬砌向内收缩带动顶部围岩发生了微变形，但位移变动非常微小。

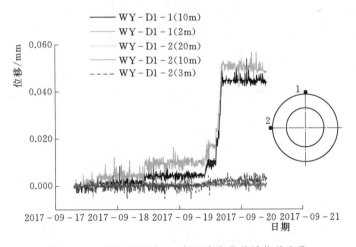

图 6-50　张拉过程中 D_1 断面多点位移计位移变化

环锚张拉至 100% 设计荷载时，衬砌出现内缩，但仅在衬砌上半部存在衬砌与围岩脱开现象，且越靠近顶部，围岩和衬砌之间的缝隙宽度越大，顶部衬砌内缩带动顶部围岩向内发生微变形。但整体而言张拉施工对衬砌和围岩的接触关系产生的变化较小。张拉后顶部出现的缝隙需要对顶部围岩进行回填灌浆或固结灌浆处理，使衬砌和围岩更好的接触，以增加衬砌运行时的安全系数。

第7章　基于有内水压原位试验的预应力环锚衬砌和围岩受力变形特征

7.1　引言

内水压力施加试验可模拟预应力环锚衬砌运行期工况,通过内水压力试验对运行期衬砌运行情况进行监测,验证预应力环锚衬砌设计参数和施工工艺的合理性,从而保证工程的施工及运行安全。而模型试验由于无法模拟衬砌与围岩的联合承载作用,往往得到的试验结果偏于保守。并且现有资料表明,在试验设计阶段,目前已建的环锚预应力衬砌工程中,模型试验和现场试验对施工阶段的工艺研究较多,对隧洞运行期衬砌的力学性能研究较少,现有的模拟运行期施加内水压力的方法也都存在一定的局限性。因而要明确运行期施加内水时预应力衬砌的受力特性,进行原位内水加载试验就显得十分必要。

目前对隧洞衬砌进行内水压力加载主要采用千斤顶组模拟加载和直接充水加载两种方法。从已实施工程的经验来看,这两种加载方式都具有一定的局限性。千斤顶组模拟加载应用比较典型的是小浪底排沙洞工程,如图7-1所示,在环形衬砌段采用12个千斤顶对称布置于支座边缘与垫块支墩之间,为了加载方便,小浪底设计的模型为开口向上的圆形隧洞,在模型内通过铺设一定厚度的砖,使支座达到预定加载的高度位置,然后每个千斤顶对应一个垫块支墩,支墩为混凝土试块,通过千斤顶油泵逐级加压使千斤顶活塞移动,直至将力由支墩加到衬砌上。这种加载方式的优点是制作工艺较简便,缺点是由于隧洞洞径较大,12个垫块支墩易形成12个集中受力点,且支墩之间存在一定的间距,导致衬砌在环向上的反力作用不均匀,不能很好地模拟内水压力均匀分布这一特性。此外千斤顶加

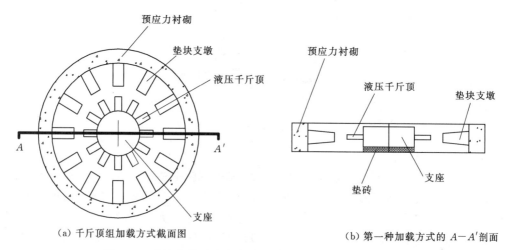

（a）千斤顶组加载方式截面图　　　　　　（b）第一种加载方式的 $A-A'$ 剖面

图7-1　小浪底模型试验千斤顶组模拟内水加载方式示意图

载过程中，12 个千斤顶同步对支墩进行加载要求支座定位十分精确，稍有不慎便会导致加载不均匀，严重时会导致局部加载过大出现裂缝，试验失败。

目前广泛应用的内水加载试验方式主要是直接充水加载方式，在工程中的应用非常多，但大都集中于模型试验中。根据模型尺寸和内水压力大小的不同，加载装置的区别主要在于堵头的设计上。例如小浪底排沙洞工程中模型试验（见图 7-2），该试验是采用锚索对拉的方式将堵头料封堵于模型上端，同时保留注水孔和出气孔，在模型上端口封闭后，通过高压水泵将水注入模型中，通过压力表监测模型内部水压，从而达到模拟内水加压的目的。类似的方法在很多工程试验中得到了应用，比如华南理工大学的"压力输水隧洞复合衬砌结构 1:1 模型破坏试验"，广西大学的"高压水工隧洞 BFRP 网格增强钢筋混凝土衬砌试验"等。此种通过改进堵头，利用水压力进行加载的方式其优点是可以模拟运行期内水压作用下衬砌的受力情况，缺点是对洞口封堵要求非常高，施工难度大，高压情况下堵头易对两侧混凝土产生轴向拉力，一方面改变了堵头附近混凝土的受力状态，另一方面堵头附近混凝土易出现拉裂缝而漏水使加压难以持续。小浪底模型试验加压到 1.0MPa 后就出现了贯穿全模型的裂缝，并发生漏水现象，加压至 1.4MPa 时，漏水较大，压力难以继续上升而停止试验。且目前这些试验大都在室内进行模型试验，南水北调穿黄隧洞有黏结环锚工程曾进行了一次地下模型试验的内水加载模拟，为模拟穿黄隧洞工程的自然条件，通过开挖，将试验模型深埋于地下，再回填与工程典型断面类同的砂料和土料，以形成外部的围土条件。通过设置防水土工膜包裹模型和人工围土，再充水形成人工水土环境。试验模型由试验段、封堵结构和交通竖井组成，地下模型空腔容积约 1000m³。为形成稳定的内水压力，设置了高位水箱确保模拟隧洞通水运行工况的准确性。此外还配套了工作水池、水泵和相应的连接管路等设施以保障正常供水。试验过程中为营造地下模型水环境，设置了地下水位调节井，给土工膜内地下水充水和调节水位，试验完毕，洞内水体排向交通竖井下方集水井，再抽排至洞外排水沟。整个试验施工和配套设施非常复杂，耗资巨大，且对于岩质深埋隧洞，此方法也不适用。以上模型试验和现场模型试验均无法考虑围岩弹性抗力系数作用，也使试验结果与实际有一定的差距。

（a）模型照片

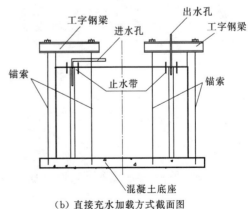

（b）直接充水加载方式截面图

图 7-2　小浪底模型试验直接充水加载方式

以上加载方式均是对隧洞模型进行内水加载的模拟，而对于开挖隧洞原位试验进行内水加载，难度将更大，首先水的运输和持续供给及相应配套设施难以保证，其次由于隧洞的封闭性，两个堵水端将处于隔离状态，人员通讯及试验时应对漏水问题的处理势必十分麻烦，最后因在洞内开挖排水沟不便，试验后洞内排水对周围施工环境也会造成严重影响。因此，开发一种新型的、开放性的及环保型的内水压力加载系统显得十分必要，是实现原位加载试验的第一步，对预应力环锚衬砌施工工艺、衬砌预应力效果检测和环锚结构的受力特性分析都具有重要意义。加载试验获取的预应力衬砌受力特性以及衬砌与围岩接触规律可为预应力荷载传递机理、衬砌围岩联合承载作用提供有力的支撑。

7.2　用于引松工程的模拟内水压的原位加载试验系统

引松工程试验段对 N3 段 3m 衬砌进行内水加载试验，因 N3 段处于 2 号洞距洞口 2km 处，采用有水加压方式非常困难，所以需设计无水加压方式进行内水加压的模拟。

7.2.1　扁千斤顶加载系统设计

采用扁千斤顶加载系统对预应力衬砌进行内水压力作用模拟，扁千斤顶加载系统设计如图 7 - 3 所示，主要由圆形扁千斤顶、反力混凝土衬砌和加压装置组成。其中圆形扁千斤顶由若干个弧形扁千斤顶组成，各个弧形扁千斤顶之间用丝扣液压钢管连接。弧形扁千斤顶是由 1mm 厚薄钢板焊制而成的薄中空圆圆弧形压力囊，可通过高压水泵对其注水，使其产生径向变形，从而将压力直接作用在预应力混凝土衬砌以及反力混凝土衬砌上，实现内水压力对隧洞预应力衬砌作用的模拟。预应力衬砌即为环锚预应力衬砌，反力混凝土衬砌为素混凝土衬砌，因扁千斤顶对其仅施加压应力，所以不需配筋，混凝土等级和混凝土厚度都可选择和预应力衬砌混凝土一样。

扁千斤顶加载系统的安装顺序如下：首先绑扎预应力衬砌内、外层钢筋，然后搭设模板进行预应力衬砌浇筑。预应力衬砌浇筑 28d 且完成其他施工工序后，紧贴预应力衬砌内壁安装一圈弧形扁千斤顶，安装前，用激光测距仪定位出弧形扁千斤顶的位置，并用记号笔标记出安装位置，然后用膨胀螺栓将各个圆弧形扁千斤顶固定，最后通过液压钢管使其组成一均匀圆环，一圈弧形扁千斤顶即安装完毕。然后进行下一圆环的安装，所有圆环都安装完毕后，通过加压水（气）泵

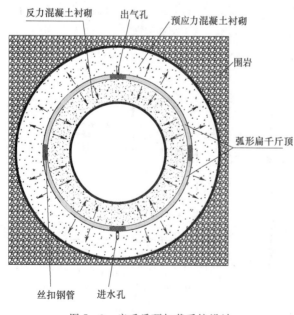

图 7 - 3　扁千斤顶加载系统设计

注水（气）检验各块圆环扁千斤顶气密性，气密性检测无问题后支反力衬砌模板，浇筑反力衬砌。预应力衬砌和反力衬砌的浇筑既可采用专门的圆形隧洞混凝土浇筑台车进行，也可使用小块钢模板拼搭成环形整体模板，然后进行混凝土浇筑。反力衬砌浇筑 28d 后即可通过加压水泵加压进行加载试验。为了检验内水压力加载效果，可在预应力衬砌内部安装埋入式混凝土应变计来监测预应力衬砌各部位的受力情况，还可以在反力衬砌内表面安装混凝土表面应变片或其他监测仪器来监测反力衬砌的受力均匀情况。

在实际隧洞工程中，隧洞洞径较大，圆形扁千斤顶整体制造将刈安装带来不便，所以应分为若干个弧形扁千斤顶组成圆环，在单块弧形扁千斤顶不超过 5m 以至于不方便运输和安装的情况下，一个圆形扁千斤顶可按 4 块弧形扁千斤顶进行设计。弧形扁千斤顶设计如图 7-4 所示，整个圆弧段由 1mm 厚薄钢板焊制而成，将焊缝位置设在压剪区域，焊缝搭接长度为 10mm，为防止浇筑混凝土过程中压扁，空腔内采取焊 $\phi10$ 短钢筋棒并垫上橡胶板作为支撑措施，弧形扁千斤顶两端设置弹性变形区，直径为 30mm，中间厚度为 10mm，一段弧形扁千斤顶的长度为 500～5000mm。在每个弧形扁千斤顶两头各设置两个丝扣钢管连接口，以便于弧形千斤顶之间相互连接。为防止加压过程中弧形千斤顶发生环向移动导致丝扣钢管连接口处成为受力薄弱点，丝扣钢管采用液压钢管设计，其长度要略大于两个圆弧段之间的间距，以保证有足够的环向变形量。在进行扁千斤顶系统设计时，需要根据预应力衬砌的内径和预应力衬砌加载宽度确定扁千斤顶加载系统的各项参数。参数确定方法如下：假定预应力衬砌的内径为 D，加载长度为 W，单个弧形扁千斤顶的宽度为 B，长度为 C［见图 7-4（b）］，每个弧形扁千斤顶在环向上的间距为 H，丝扣钢管的最短长度即也为 H，衬砌宽度方向上圆形扁千斤顶的间距为 L［见图 7-5（b）］。一个圆形扁千斤顶由 m 个圆弧形扁千斤顶组成，一个扁千斤顶加载系统由 n 个圆形扁千斤顶组成。则有以下关系式：

$$W = nB + (n-1)L \tag{7-1}$$

$$\pi D = m(C + H) \tag{7-2}$$

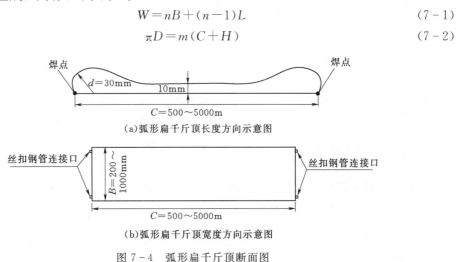

(a)弧形扁千斤顶长度方向示意图

(b)弧形扁千斤顶宽度方向示意图

图 7-4　弧形扁千斤顶断面图

根据工程实际 D 和 W 为已知，B 的取值范围为 200～1000mm，H 的取值范围为 50～300mm。根据 W 选择合适的 B 值和圆形扁千斤顶的数量 n，则可通过式（7-1）计算 L 值。根据 D，求出整个圆形扁千斤顶的周长，选择合适的 H 值及弧形扁千斤顶的数量 m，则可通过式（7-2）计算出单块弧形扁千斤的长度 C。设计好圆弧长度后，弧形扁千斤顶在加工厂焊接制作好后，应进行气密性试验，试验合格后再运到现场进行安装。各段弧形扁千斤顶之间以丝扣钢管相连接，连接圆弧段的丝扣钢管均设置了排水（气）孔，可实现各圆弧扁千斤顶排气排水。安装弧形扁千斤顶时可将丝扣钢管位置设置为隧洞圆上、下、左、右位置，从而实现在隧洞底部位置设有注水孔，在顶部设有出气孔，保证整个系统加压正常运行。加压前，先从注水孔注水，将圆形扁千斤顶内部空气排空，直至水从出气孔排出，然后封堵出气孔，继续注水加压。这样由各圆弧形千斤顶组成的圆周就形成圆环形扁千斤顶，见图 7-5。它自身为一个独立的封闭体系，能够利用水压力产生径向变形同时对反力混凝土衬砌和预应力混凝土衬砌施加压力。

圆形扁千斤顶主要功能是适应预应力衬砌和反力衬砌变形要求，利用充水变形产生的压力来模拟内水压力的作用。扁千斤顶的薄壁不提供环向约束的拉应力，内部充水压力全部由预应力衬砌和反力衬砌来承担，扁千斤顶仅起到传导力的作用。

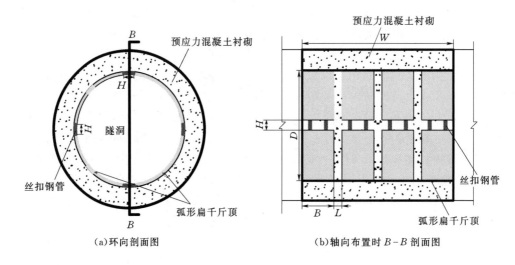

图 7-5　圆形扁千斤顶安装示意图

扁千斤顶的主要变形是在注水过程中产生的，在充水施压过程中，由于受到充水压力作用，反力衬砌和预应力衬砌可以视为两个独立受力的脱离体，分别沿径向向内外两个方向变形（如图 7-6 箭头所示）。而扁千斤顶的外壁随预应力衬砌向外变形，内壁随反力衬砌向内变形，为避免变形过程中扁千斤顶薄铁皮产生较大拉应力而导致破坏，扁千斤顶在设计时必须设置充足的变形余量来满足与预应力衬砌和反力衬砌结构变形一致。变形余量又可分为径向变形余量和环向变形余量。扁千斤顶充水前和充水后变形示意图如图 7-6所示。

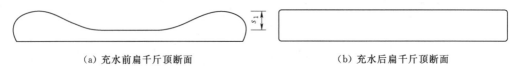

（a）充水前扁千斤顶断面	（b）充水后扁千斤顶断面

图 7-6　扁千斤顶充水前后变形示意图

由图 7-6 可知，充水前弧形扁千斤顶两端设置弹性变形圆弧段，充水后弧形扁千斤顶的轴向尺寸变化较小，而厚度变化可能较大，在端头设置圆弧段的目的就是保证断面高度方向上（径向）的变形余量。假定预应力衬砌施加内水作用过程中围岩不承受反力，那么径向变形余量只和预应力衬砌变形和反力衬砌变形有关，单侧圆弧段弧形扁千斤顶径向变形最小余量要大于预应力衬砌变形和反力衬砌变形之和，即

$$s_1 \geqslant u_1 + u_2 \tag{7-3}$$

式中：s_1 为弧形扁千斤顶径向变形余量，如图 7-6 所示端部圆弧段；u_1、u_2 分别为预应力衬砌和反力衬砌径向位移。

而环向变形余量 s_2 从几何角度上考虑，需要大于预应力衬砌环向变形，即

$$s_2 \geqslant 2\pi u_1 \tag{7-4}$$

式中：s_2 为圆形扁千斤顶环向变形余量；u_1 为预应力衬砌径向位移。

根据弹性力学厚壁圆筒承受内外均布荷载时的应力状态，在同时受到内外水作用下，可得厚壁圆筒受内外压力作用下位移的拉梅（Lame）解。

$$u_r = u_\theta = \frac{1}{E}\left[-(1+\mu)\frac{a^2 b^2 (p_2 - p_1)}{b^2 - a^2}\frac{1}{r} + (1-\mu)\frac{a^2 p_1 - b^2 p_2}{b^2 - a^2}r\right] \tag{7-5}$$

式中：a、b 为厚壁圆筒的内外半径；p_1、p_2 为内外水压力；E 为弹性模量；μ 为泊松比；u_r、u_θ 分别为厚壁圆筒的径向和环向位移；r 为厚壁圆筒的半径。

对预应力衬砌而言，扁千斤顶相当于只给它施加内水压力，而对于反力衬砌而言，扁千斤顶相当于只给它施加外水压力。由于扁千斤顶厚度和衬砌半径相比可忽略不计，计算时取衬砌内半径和反力衬砌外半径为 R_2，反力衬砌内半径为 R_1，衬砌外半径为 R_3，$p_1 = p_2$，如图 7-7 所示。预应力衬砌和反力衬砌采用相同混凝土材料，两者弹模和泊松比认为相等。根据式（7-3）、式（7-4）、式（7-5）可计算得出扁千斤顶径向变形余量和环向变形余量为

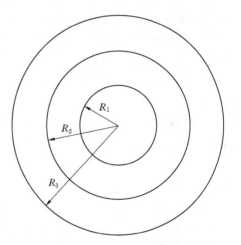

图 7-7　隧洞计算示意图

$$s_1 \geqslant \frac{R_2 p_1 (1+\mu)}{E}\left(\frac{R_3^2}{R_3^2 - R_2^2} + \frac{R_1^2}{R_2^2 - R_1^2}\right) + \frac{R_2^3 p_1 (1-\mu)}{E}\left(\frac{1}{R_3^2 - R_2^2} + \frac{1}{R_2^2 - R_1^2}\right) \tag{7-6}$$

$$s_2 \geqslant \frac{2\pi R_2^2 p_1}{E(R_3^2 - R_2^2)}\left[\frac{R_3^2 (1+\mu)}{R_2} + (1-\mu)R_2\right] \tag{7-7}$$

从式（7-6）和式（7-7）可知，径向和环向变形余量与弹性模量线性负相关，因而强度等级越高的混凝土变形余量越小。以引松工程预应力衬砌参数为例，衬砌外径为 7.8m，衬砌内径为 6.9m，充水压力为 0.70MPa，反力衬砌厚度为 0.6m，内径为 5.7m，预应力衬砌及反力衬砌均采用 C40 混凝土材料，弹性模量 $E = 36$GPa，泊松比 $\mu = 0.167$。首先对反力衬砌厚度进行验算，当反力衬砌厚度为 0.6m 时，根据厚壁圆筒理论，计算反

力衬砌最大环向应力为－3.70MPa，最大环向变形为－0.332mm，满足结构安全受力要求。再分别计算预应力衬砌和反力衬砌变形量、圆环形扁千斤顶的径向和环向最小变形余量，计算结果见表7-1。从表7-1可知由于预应力衬砌和反力衬砌都采用了C40混凝土，最小径向变形余量仅有0.91mm，环向仅为3.52mm，按图7-4设计时径向余量为20mm，可满足试验要求。

表7-1　　　　　　　　　　　　　　　扁千斤顶设计最小余量

扁千斤顶	扁千斤顶径向/mm	扁千斤顶环向/mm
设计最小余量	0.91	3.52

7.2.2　原位加载方案设计

7.2.2.1　现场扁千斤顶设计及安装

N3段预应力衬砌厚0.45m，内径6.90m，外径7.80m，轴向长度为3.00m。设计单个弧形扁千斤顶宽度为0.90m，长度为4.92m（见图7-8），单圈圆环扁千斤顶由4个圆弧段组成，每两段圆弧段之间间距为0.50m，用丝扣液压钢管（见图7-9）连接。整个N3段共布置12片弧形扁千斤顶，形成3圈圆形扁千斤顶，圈与圈间距0.10m（见图7-10），两侧距衬砌边界0.05m。弧形扁千斤顶在安装前，若衬砌表面有凸起处，需将衬砌表面打磨圆滑，然后用激光测距仪定位出12片弧形扁千斤顶的位置，并用记号笔进行标记。然后单块弧形扁千斤顶依次按预定位置进行安装，弧形扁千斤顶紧贴于衬砌内表面，两端各用2个钢卡片和膨胀螺栓进行固定（见图7-11），环向每隔0.5～1.0m用钢卡片和膨胀螺栓进行固定。钢卡片的作用不仅是在安装时起固定作用，还可以是在加压时限制弧形扁千斤顶的侧向变形。12片弧形扁千斤顶安装就位后，安装丝扣钢管，使扁千斤顶系统形成3圈封闭的空腔结构，同时，在顶部、中部和底部位置每块弧形扁千斤顶的连接钢管处均引出了排气管。加压时安装水压表或连接加压水泵。整个扁千斤顶加载系统安装后，用气压泵以0.1MPa气压进行单圈密闭性检测，整个扁千斤顶系统气密性无问题后，无压状态下将扁千斤中注满水，然后密封各个接口。注水的目的是防止内圈反力混凝土衬砌浇筑时底部千斤顶在重力作用下压实。所有管件连接好后，12片弧形扁千斤顶之间的

图7-8　弧形扁千斤顶实物图

环向及轴向空隙用水泥砂浆填平，然后搭建模板，浇筑反力混凝土衬砌，反力混凝土衬砌采用 C40 素混凝土浇筑，衬砌厚度为 0.60m（见图 7-12），反力衬砌浇筑 28d 后开始进行内水压力加载试验。

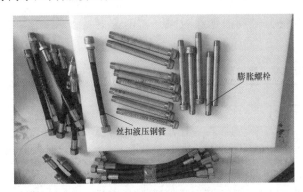

图 7-9　丝扣液压钢管实物图

图 7-10　扁千斤顶现场安装图

（a）钢卡片

（b）弧形扁千斤顶安装

图 7-11　用于固定弧形扁千斤顶的钢卡片

图 7-12　反力衬砌浇筑后隧洞全景

7.2.2.2　加载方案

为验证现场扁千斤顶加载系统的加载效果，除了原衬砌之中布置的监测仪器外，在预应力衬砌和扁千斤顶接触面布置了土压力计来监测扁千斤顶实际施加压力的大小，在反力衬砌内部布置应变计来监测扁千斤顶对反力衬砌的加载效果。监测方案见表 7-2，仪器布置位置见图 7-13。

表 7-2　　　　　　　　　　　现场加载试验监测方案

位置	监测元件	仪器数量	单位	仪器编号
环向监测	振弦式埋入式应变计	8	个	YB-1～YB-8
	振弦式土压力计	4	个	TY-1～TY-4
轴向监测	振弦式埋入式应变计	3	个	YB-9～YB-11
	振弦式土压力计	2	个	TY-5～TY-6

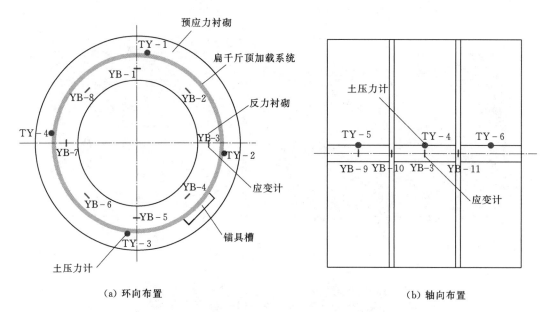

（a）环向布置　　　　　　　　　　　　　　　（b）轴向布置

图 7-13　扁千斤顶接触面和反力衬砌内部监测仪器布置图

为了保证 12 块弧形扁千斤顶同时形成一个系统均匀加压，在每块弧形扁千斤顶连接钢管处都安装了一个水压表，进行水压监测。隧洞运行水压为 0.55MPa，最大加载压力按运行水压 20% 超载，因扁千斤顶布置时存在环向和轴向间距，注水压力需要乘以补偿系数，经计算，综合补偿系数为 1.06，因而试验实际加载最大模拟水压为 0.70MPa，分七级进行，每级 0.10MPa。加载时，因重力作用，每一圈扁千斤顶中 4 个位置的水压表读数会存在差异，试验加压时，以中部两侧水压表读数为准，上部和顶部水压表主要对加压效果进行校核，避免加压过程中出现异常情况。

水压表测试的是扁千斤顶中的水压大小，在衬砌和扁千斤顶接触面布置了土压力计监测扁千斤顶施加给衬砌的接触应力，在试验前需试压对水压表和土压力计读数进行校核。试验分级荷载和稳定时间见表 7-3。

为了保证表7-3中的加载压力稳定，并实现试验过程中自动补压等功能，采用了压力加载伺服系统进行加压，加载伺服系统如图7-14所示，由ABB变频泵与多级压力罐组合而成，控制精度为0.02MPa。加载时，通过预先在控制面板设置好压力值，伺服加压系统将自动实现加压、稳压、补压功能。

表7-3　　　　　　　　　　　　　　现场加载压力分级表

加载级别	衬砌运行状态	注水压力/MPa	稳压时间/h	备　　注
1	充水状态	0.10	2	因无明确规范规定加载判稳条件，参照岩体载荷试验规范，现场加载判稳应根据埋设仪器测定的变形值来判断衬砌变形是否稳定。例如：施加一级荷载后，在2h内，每小时的环向变形量小于5个微应变时认为变形达到相对稳定
2		0.20	2	
3		0.30	2	
4		0.40	2	
5		0.50	2	
6	运行状态	0.60	2	
7	超载状态	0.70	12	

图7-14　现场加载试验加载伺服系统

7.2.3　内水压力模拟效果分析

加载过程中，每级加载压力下观测12个水压表的水压值，观测结果表明12个水压表仅存在高程差，12块弧形扁千斤顶内部水压力非常均匀。埋设的土压力计在各级压力加载下测得的衬砌与扁千斤顶之间的接触应力变化情况见图7-15。由图7-15可知，衬砌和扁千斤顶的接触应力和水压表之间有一定的偏差，每一级所测的接触应力都比水压表显示水压值要稍小，特别是低压时更明显，分析原因可能由以下两个因素造成：一是扁千斤由薄钢板焊制而成，在低压情况下，钢板的变形要抵消一部分水压；二是土压力计为一个光滑平面，埋设后和扁千斤顶难以做到同弧度整体受压，因而影响测值大小，但整体来看，土压力计测值与水压表测值的匹配情况较好，可认为整个加压过程N3衬砌实现同步均匀加压，模拟水压加载效果良好。

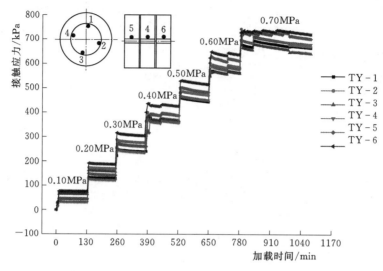

图 7-15　各级加载压力下预应力衬砌与扁千斤顶之间接触应力变化图

7.3　混凝土衬砌应力应变规律

7.3.1　衬砌混凝土应力应变

　　加载期间 N3 段衬砌混凝土产生的应变变化是混凝土综合应变变化情况，因加载过程时间较短，隧洞环境下短期内温度和湿度变化都很小，因而可认为加载期间应变计所测的应变值变化等于混凝土的弹性变形变化值，即

$$\varepsilon_c = \varepsilon_{ce} \tag{7-8}$$

　　N3 段两个监测断面 D1 和 D2 中埋设的应变计在整个加载过程中应变变化过程曲线见图 7-16 和图 7-17，其中 D1 断面仅 6 号应变计损坏，D2 断面应变计损坏较多，仅剩 3 号、7 号、9 号和 10 号应变计完好，损坏的应变计在图中不予显示。由图 7-16 和图 7-17 可知，所有应变计应变变化值和加载压力都线性正相关，前 6 级荷载每级的加载时间在 130min 左右，每一级加载 10min 内应变计所测应变值便趋于平稳，每级加载过程都满足加载判稳要求，应变变化曲线呈阶梯状上升。因应变变化随压力线性变化，所以加压至最大荷载 0.70MPa 时，衬砌仍处于完全弹性状态。当加载压力为 0.6MPa 时，相当于环锚衬砌的运行水压，此时 D1 断面混凝土应变范围为 29.8～68.7με，应变最大位置为 4 号应变计，位于隧洞底部 180°位置内侧，最小为 10 号应变计，位于锚具槽上侧的混凝土内侧。整体而言，应变值分布较为均匀。D2 断面仅存的 4 只应变计应变范围为 30.9～60.5με，因仪器损坏较多，不对其数据进行讨论。当加载压力达到 0.7MPa 超水压运行状态时，D1 断面混凝土应变范围为 35.4～89.8με，D2 断面 4 只应变计应变范围为 37.1～72.9με。D1 断面最大应变出现在 5 号应变计位置，位于隧洞左侧 270°外侧位置，最小应变出现在 10 号应变计位置，位于锚具槽上侧的混凝土内侧，剩余应变计除 4 号为 82.0με 外，其余

应变计变化范围较集中，变化范围为 $46.9 \sim 62.9 \mu\varepsilon$。

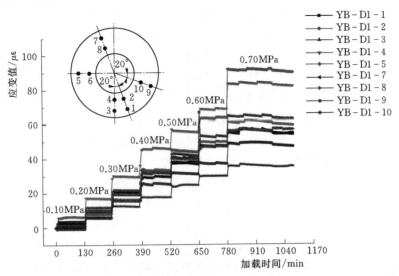

图 7 – 16　各级加载压力下 D1 断面应变计应变变化

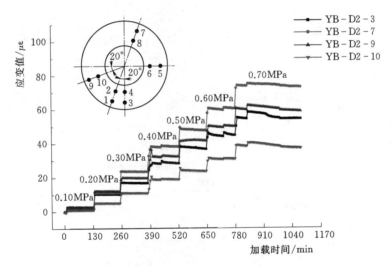

图 7 – 17　各级加载压力下 D2 断面应变计应变变化

7.3.2　衬砌钢筋受力

N3 段加载时，隧洞环境下短期内温度和湿度变化都很小，因而可近似认为加载期间钢筋计所测的拉力值变化等于钢筋的弹性拉力变化值，即

$$T_{si} = T_{sei} \qquad\qquad (7 - 9)$$

N3 段两个监测断面 D1 和 D2 中埋设的钢筋计在加载过程中拉力值变化过程曲线见图 7 – 18 和图 7 – 19，其中负号为钢筋受压，D2 断面 1 号钢筋计因固结灌浆钻孔施工打断仪器引线而失效因而无监测数据。由图 7 – 18 可知，所有钢筋计拉力值变化值和加载压力都

线性正相关，每一级加载 10min 内钢筋计所测拉力值便趋于平稳，因不同级加载压力下，拉力值变化是线性变化，所以加压至最大荷载 0.70MPa 时，钢筋仍处于完全弹性变形状态。当加载压力为 0.6MPa 时，相当于环锚衬砌的运行水压，此时 D1 断面钢筋计拉力值范围为 2.5～10.2kN，其中最大值为 6 号钢筋计，位于衬砌侧部 270°位置的内侧，6 号钢筋计拉力值测值明显大于其他钢筋计，而在最初环锚张拉时，张拉结束后也是 6 号钢筋计测值明显大于其他钢筋计。拉力值最小的钢筋为 10 号钢筋计，位于锚具槽上侧的混凝土内侧。除去 6 号和 10 号钢筋计，D1 断面钢筋计的拉力值范围为 3.9～6.2kN，测值较为集中，表明在运行水压作用下，衬砌内部产生的拉力也较为均匀，进而表明变千斤顶加载系统施加给衬砌的力在环向上较为均匀。当加载压力达到超运行水压状态 0.7MPa 时，D1 断面钢筋拉力范围为 3.0～14.2kN，最大值仍为 6 号钢筋计，测值明显大于其他钢筋计。拉力值最小值也仍为 10 号钢筋计，除去 6 号和 10 号钢筋计，其余钢筋计测值较集中，拉力值范围为 4.58～8.28kN。

　　D1 和 D2 断面所有钢筋计埋设时，两个断面同一编号的钢筋计沿中垂线对称布置，由图 7-18 和图 7-19 可知，各级加载压力下两个断面对称位置的钢筋计测值非常接近，最大值和最小值都出现在衬砌相同的位置。这表明采用扁千斤顶系统加载时，环锚衬砌轴向上受压均匀。

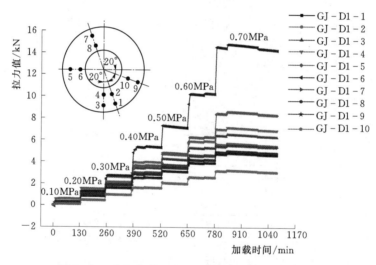

图 7-18　各级加载压力下 D1 断面钢筋计拉力变化

7.3.3　加载后衬砌预应力分布特征

　　取扁千斤顶安装前 D1 和 D2 断面预应力状态为初始状态，对比加载前后 N3 段预应力变化情况，因应变计损坏较多，且钢筋计测值与应变计测值具有较好的线性关系，因而采用钢筋计换算的预应力值进行分析。图 7-20 和图 7-21 为各级压力加载过程中 D1 和 D2 断面衬砌预应力变化图，因 D1 和 D2 断面钢筋计对称布置，所以图 7-20 和图 7-21 中两个断面的加载曲线极为相似，相同编号的钢筋计所测各级加载压力下的预应力值也非常接近，表明环锚衬砌在运行水压状态下，轴向预应力分布较为均匀。由图 7-20 和图 7-21

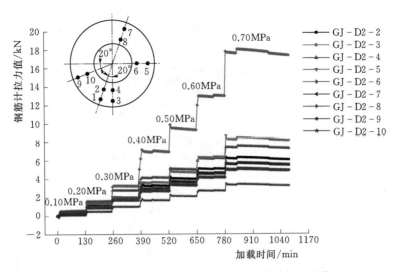

图 7-19 各级加载压力下 D2 断面钢筋计拉力变化

可知，在各级加载压力作用下，衬砌预应力分布保持着初始预应力状态的分布形态，在不同级加载压力下，各个位置的预应力线性递减。在运行水压 0.6MPa 时，监测仪器所处位置仍全部处于受压状态，D1 断面最大压应力为 6 号钢筋计，位于衬砌侧部 270° 位置内侧，应力值为 -8.4MPa。最小压应力为 4 号钢筋计，位于衬砌底部 180° 位置内侧，应力值为 -0.1MPa，除去 6 号和 4 号钢筋计，其余部位的应力范围为 -2.4～-5.3MPa，衬砌环向预应力分布较为均匀。D2 断面最大压应力也为 6 号钢筋计，位于衬砌侧部 90° 位置内侧，应力值为 -9.5MPa。最小压应力也为 4 号钢筋计，位于衬砌底部 180° 位置内侧，应力值为 -0.4MPa，除去 6 号和 4 号钢筋计，其余部位的应力范围为 -2.8～-4.9MPa，衬砌环向预应力分布较为均匀。

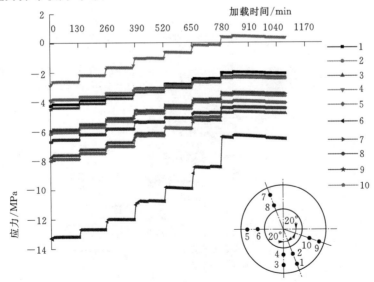

图 7-20 各级加载压力下 D1 断面预应力状态变化

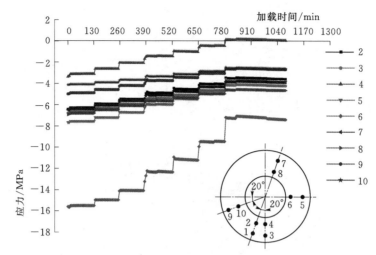

图 7 - 21　各级加载压力下 D2 断面预应力状态变化

当加载至超水压运行状态 0.70MPa 时，衬砌预应力状态保持发展趋势不变，预应力除了数值大小外，分布规律也和运行水压状态下一致。D1 和 D2 断面除 4 号钢筋计位置外，均处于受压状态，而 D1 断面 4 号钢筋计所处的衬砌底部位置出现 0.37MPa 的拉应力，D2 断面同样位置出现 0.06MPa 的拉应力，远低于 C40 混凝土的抗拉强度，环锚衬砌在超载 20％ 设计水头情况下仍大部分处于受压状态。4 号钢筋计处于衬砌底部，扁千斤顶安装时，4 号钢筋计位置刚好处于未加载区，该处会存在局部应力集中，因而 4 号钢筋计所测预应力值偏小是由未加载区应力集中导致，环锚衬砌实际工作状态下，并不存在应力集中现象，该位置也不会出现拉应力。

7.3.4　加载后反力衬砌应力分布

图 7 - 22 为各级加载压力下反力衬砌内部的应变计应变变化情况。由图 7 - 22 可知前

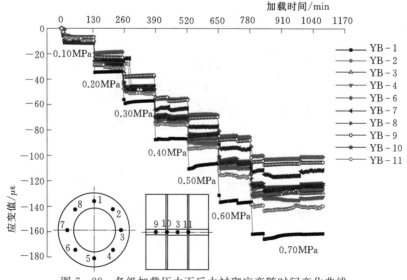

图 7 - 22　各级加载压力下反力衬砌应变随时间变化曲线

6 级荷载每级的加载时间在 130min 左右，每一级加载 10min 内应变计所测应变值便趋于平稳，并且不同级加载压力下，应变计应变变化都是线性变化，加压至最大荷载 0.70MPa 时，反力衬砌也处于完全弹性状态。这表明反力衬砌的设计和施工都是合理的。当加载压力为 0.60MPa 时，1～8 号环向应变计应变变化范围为 $-85.3 \sim -136.5\mu\varepsilon$，最大值为 1 号应变计，除去 1 号应变计，其他应变计应变变化较为集中，为 $-85.3 \sim -117.9\mu\varepsilon$，反力衬砌环向应力较为均匀。轴向监测的 4 只应变计应变变化范围为 $-101.5 \sim 117.9\mu\varepsilon$，轴向方向应变变化也较均匀。

7.4 无黏结预应力环锚的力学特性变化规律

图 7-23 为各级加载压力下环锚的拉力值变化曲线。由图 7-23 可知，环锚的拉力值与加载水压线性正相关。在施加内水压力后，环锚衬砌预应力减小，环锚承受的拉力值增大以抵抗内水压力，数据显示，在运行水压 0.6MPa 时，环锚拉力值（715.7kN）与加载前相比增加了 29.1kN，占加载前环锚拉力值的 4.24%。超载水压运行 0.7MPa 时，环锚拉力值（721.7kN）与加载前相比增加了 35.0kN，占加载前锚索测力计拉力值的 5.10%。

环锚采用 4 根 $7\phi5$ 高强低松弛钢绞线，公称直径 $D_n = 15.2mm$，截面积 $S_n = 140mm^2$，弹性模量 195GPa。抗拉强度标准值 f_{ptk} 为 1860MPa，对应 4 根一束环锚拉力值 1041.6kN。张拉时采用 0.75 倍标准值作为张拉力，对应 4 根一束环锚拉力值为 781.2kN。环锚工作时的最大拉力设计值 f_{py} 为 1320MPa，对应四根一束环锚拉力值为 739.2kN。当内水压力为 0.6MPa 和 0.7MPa 时，环锚的拉力值分别为 715.7kN 和 721.7kN，实测值满足设计要求。内水压力越高，环锚的拉力值越大，当内水压力过高时，环锚将超过设计荷载值，结构将不再安全。因而在进行环锚结构设计时，应考虑运行期施加内水压力后环锚的实际承载能力。

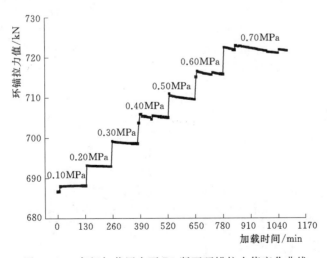

图 7-23 各级加载压力下 D1 断面环锚拉力值变化曲线

7.5 加载条件下环锚衬砌-围岩联合承载作用分析

7.5.1 环锚衬砌-围岩接触关系

图 7-24 和图 7-25 为各级加载压力下 D1 和 D2 断面测缝计测值的变化规律。由图 7-24 和图 7-25 可知，加载过程中侧部测缝计几乎没有发现变化，顶部测缝计测值则随加载压力分级增大而线性增大，表明内水加载条件下衬砌与围岩洞的缝隙在减少。运行水压 0.6MPa 时，D1 断面测缝计测值为 -0.211mm，D2 断面为 -0.220mm，衬砌在水压作用下向围岩方向发生了位移变化，但位移变化量较小。

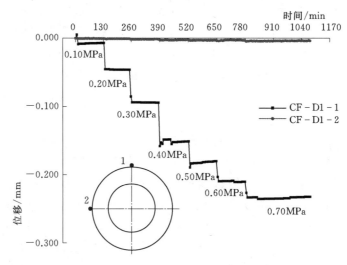

图 7-24 各级加载压力下 D1 断面测缝计位移变化

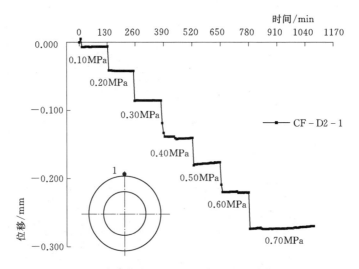

图 7-25 各级加载压力下 D2 断面测缝计位移变化

7.5.2 环锚衬砌-围岩接触应力变化规律

图 7-26 和图 7-27 为各级加载压力下土压力计测值变化情况，D1 和 D2 断面均是顶部埋设的 3 号土压力计在水压作用下接触应力随分级压力增大而线性增大，其余土压力计虽然未有明显的变化规律，但能表明在加载过程中，衬砌围岩接触关系未出现异常情况。结合土压力计在张拉后的测值变化情况，可以看出顶部衬砌和围岩在张拉期经历了脱开，在固结灌浆施工后重新接触，在内水加载时，围岩开始分担内水压力，不过从加载 0.60MPa 时接触应力的大小来看，环锚衬砌在运行水压状态下围岩承受的力非常小，内水压力基本由环锚衬砌承担，这也与试验段设计阶段的结构设计原则一致，即内水压力全部由环锚衬砌承担，围岩的承载作用作为安全裕度。

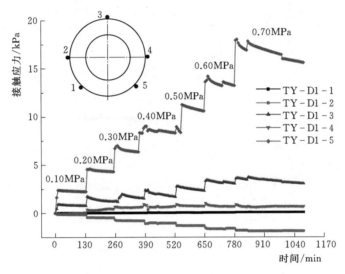

图 7-26 各级加载压力下 D1 断面衬砌与围岩接触应力变化

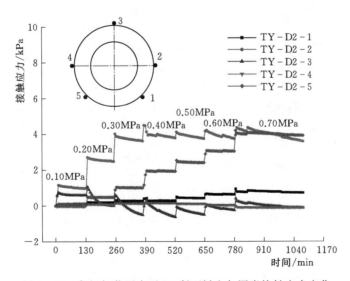

图 7-27 各级加载压力下 D2 断面衬砌与围岩接触应力变化

7.5.3　围岩应力应变分布规律

图 7-28 为各级加载压力下多点位移计测值变化情况。由图 7-28 可知，侧部多点位移计在各级加载压力下，测值很稳定，几乎未发生变化，顶部多点位移计在第 2 级加载压力时开始有规律的变化，随着加载压力的加大，位移值增大，每一级压力下位移值保持稳定，当加载压力为运行水压 0.6MPa 时，顶部 2m 位置位移计的测值为 -0.013mm，10m 位置位移计的测值为 -0.007mm，位移变化非常小，说明顶部围岩在内水加载压力下受力很小，所有内水压几乎由环锚衬砌承担，这和顶部土压力计监测数据结果一致。

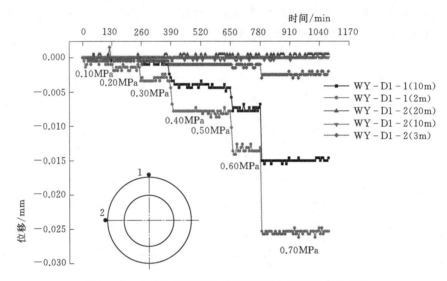

图 7-28　各级加载压力下 D1 断面多点位移计位移变化

N3 段内水加载试验，监测了环锚衬砌在充水期、运行期和超载状态 3 种工况下的力学反应。在充水期到运行期，环锚衬砌混凝土应变和钢筋计拉力值都随加载分级压力的增加而线性增长，在运行水压 0.6MPa 下，环锚衬砌整体处于受压状态，且衬砌传递给围岩的接触应力很小，围岩也未发生明显位移，内水压力几乎全部由环锚衬砌承担，环锚衬砌结构在运行水压条件下结构处于安全状态。

在超载水压 0.7MPa 下，环锚衬砌整体处于受压状态，局部出现拉应力，监测值为 0.3MPa，远低于衬砌混凝土抗拉强度，衬砌传递给围岩的接触应力也很小，围岩未发生明显位移，内水压力主要还是由环锚衬砌承担，环锚衬砌结构在超载水压 0.7MPa 时结构处于安全状态。

第8章 无黏结预应力环锚衬砌数值建模方法与试验验证

8.1 引言

无黏结预应力环锚衬砌因结构复杂，围岩、衬砌以及有压内水之间相互作用的力学机理尚不明确，并且，它作为一种新型水工结构型式，缺乏具体设计规范，这都给预应力衬砌实际工程结构设计造成困难。预应力体系因沿程损失导致结构的力学模型呈非对称分布，难以通过解析方法直接进行应力应变分析，尤其是围岩对衬砌的约束作用、无黏结环锚变化的力学特性、预应力损失非线性分布解析困难，因此，需要依靠数值模拟手段了解无黏结预应力环锚衬砌受力特点。

本章着重阐述环锚衬砌结构力学特性和相应的数值建模机理，以及相应的数值建模手段和计算方法，然后，基于有限差分软件 Flac3D，以引松工程总干线和小浪底工程预应力环锚衬砌为工程案例建模分析，研究环锚衬砌力学特性，并将计算结果与监测数据相比，验证数值建模方法的正确性。

8.2 数值建模难点

典型的单层双圈环绕法无黏结预应力环锚衬砌体系组成见图 8-1，下面针对数值建模中存在的三个关键问题展开分析。

8.2.1 围岩对衬砌的约束作用

围岩对衬砌的约束作用并非一成不变，有压隧洞围岩与衬砌的接触关系在施工期、运行期和检修期会出现贴合与脱离状态的反复交替：

（1）施工期，环锚被千斤顶张拉，衬砌内缩，围岩与中上部衬砌脱离，且随着预加张拉应力增大，围岩和衬砌之间的缝隙张开度增加，中下部围岩仅仅是像支座一样支撑混凝土衬砌。

（2）衬砌背后回填灌浆后，围岩包裹衬砌，二者紧密贴合。

（3）运行期，由于内水压力的作用，围

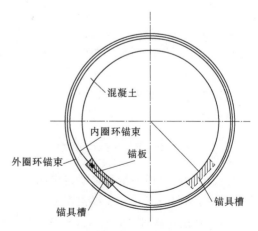

图 8-1 单层双圈环绕法无黏结预应力环锚衬砌体系组成图

岩和衬砌相互挤压，共同承担内水荷载。

（4）检修期，内水压力降低，围岩和衬砌之间又会在隧洞顶部出现微缝隙。

因此，数值建模时，需要针对围岩对衬砌的约束状态，建立合理的接触关系，不但要保证衬砌和围岩交界面上的最大拉应力超过二者之间黏结强度，二者自动脱离，不再传递接触应力，还要保证围岩和衬砌重新贴合后，又能再共同承担由衬砌内侧传递的内水压力。

8.2.2　无黏结环锚变化的力学特性

无黏结后张预应力钢绞线穿套于光滑油脂包裹的 PE 管中，环锚不和混凝土浇筑为一体，因此，钢绞线和周围混凝土不能满足协调变形条件，现有数值软件内置的用以模拟有黏结环锚力学特性的结构单元（如：ANSYS 中 Link 单元和 Beam 单元、ABAQUS 中 Beam 单元、Flac3D 中 Beam 或 Pile 单元等）不适用于无黏结环锚。无黏结后张预应力环锚在不同工程阶段具有不同的力学状态：

（1）施工期，环锚被张拉后，在衬砌内部将承受的环向拉力转化为施加于混凝土交界面上的径向应力和法向应力，由于混凝土收缩、徐变产生应力松弛，预加应力会由高值逐渐降低。

（2）运行期，施加内水压力后，无黏结预应力环锚已被锚固，会和非预应力钢筋一样承受衬砌混凝土传递的压应力，从而增大其拉力。

（3）检修期，这个增大的拉力会因内水压力降低而消失，等内水压力施加后，预应力又会增大。

模拟曲线应力筋的受力问题理论上可以用等效荷载法、温度传递应力法、初始应变法、实体建模张拉法。等效荷载法的基本原理是将锚索环向拉力通过理论公式转换成法向等效荷载和切向等效荷载作用于衬砌混凝土上，使之产生预应力，因为公式只能计算出不变的初始预应力值，所以此法难以模拟变化的预应力值。温度传递应力法和初始应变法都是假定环锚与混凝土的模型节点相互连接，通过变形协调关系把强制位置转换为应力施加到衬砌上，因此，这两种方法能比较好的模拟有黏结环锚，但无黏结环锚不符合变形协调关系，所以此法不能适用。实体建模张拉法的思路是直接建立环锚实体模型，在环锚外侧建立 Interface（接触面）属性，然后张拉环锚使混凝土产生预应力，这种方法的力学作用机理和真实无黏结体系是一致的，它可以精确的模拟单圈环绕法的预应力曲线筋，由于双圈环绕法的预应力曲线筋存在交叉问题，环锚会难以张拉。因此，对于无黏结曲线锚索式预应力衬砌结构的数值建模，以上方法均有缺陷，但可以将以上方法巧妙结合起来，寻求解决问题的方法。

8.2.3　环锚预应力损失非线性分布

环锚的预应力损失量是影响衬砌的混凝土整体预应力施加效果的重要因素，也涉及张拉端预应力的取值问题。环锚预应力损失主要包括：沿程摩阻损失（σ_1）、偏转器张拉损失（σ_2）、环锚锚具回缩损失（σ_3）、环锚松弛损失（σ_4）、因混凝土徐变而引起的锚索应力损失（σ_5）。$\sigma_2 \sim \sigma_5$ 可以通过折减张拉端的预应力值实现，而 σ_1 是沿程分布，且呈非线性分布，因此需要在数值建模时计算出沿程预应力损失分布荷载，将其按梯度分布于环锚表面。

8.3 预应力环锚衬砌数值模拟方法

8.3.1 数值建模原理

8.3.1.1 围岩对衬砌的约束作用

通过建立合理的接触关系，可以模拟围岩对衬砌的各种约束状态，本书采用 Coulomb 抗剪强度准则建立接触面属性，图 8 - 2 为接触面本构模型的单元原理示意图，接触面存在相互紧贴、相互滑动、相互脱离等属性，接触力通过节点传递。图 8 - 2 中，S 为滑动，D 为剪胀，τ_s 为剪切强度，σ_n 为抗拉强度，k_n 为法向刚度，k_s 为剪切刚度。

依据强度准则确定接触面状态，接触面发生相对滑动所需要的切向力 $\tau_{s\max}$ 为

$$\tau_{s\max} = c_{if}A + \tan\phi_{if}(\sigma_n - PA) \tag{8-1}$$

式中：c_{if} 为接触面黏聚力；ϕ_{if} 为接触面摩擦角；A 为接触面节点代表面积（见图 8 - 3）；σ_n 为边界面上实体法向应力；P 为孔隙水压力。

法向剪切变形导致有效法向应力的增加，接触面发生脱离所需的法向力 $\sigma_{n\max}$ 为

$$\sigma_{n\max} = \sigma_n + \frac{\tau_s - \tau_{s\max}}{Ak_s} k_n \tan\psi_{if} \tag{8-2}$$

式中：τ_s 为边界面上实体初始剪力值；k_n 为法向刚度；k_s 为剪切刚度；ψ_{if} 为接触面剪胀角。

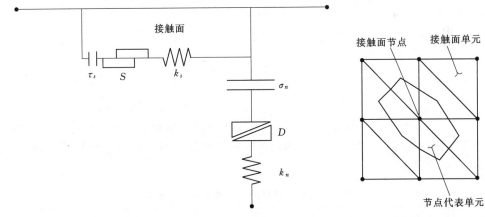

图 8 - 2　接触面本构模型的单元原理示意图　　　图 8 - 3　接触面节点代表面积

接触面上的切向力 $|\tau_s| < \tau_{s\max}$ 时，接触面处于未滑移的弹性状态；当 $|\tau_s| = \tau_{s\max}$ 时，接触面处于可滑移的塑性状态，滑移过程中剪切力保持不变；当接触面上存在的拉应力超过接触面抗拉强度 $\sigma_{n\max}$ 时，接触面处于脱离状态，对应节点不再继续传递切向力和法向力；当接触面两侧单元的几何关系因挤压为节点紧贴时，接触面的传力机制恢复。

8.3.1.2 无黏结环锚力学特性

采用等效荷载和实体建模的联合方法模拟无黏结环锚预应力的传力过程，根据无黏结

预应力锚索在混凝土衬砌中的受力特性，将环锚应力分为不变的预加应力分量和变化的非预加应力分量。

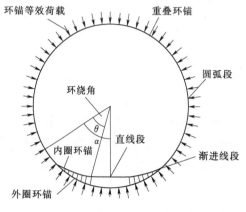

图 8-4　等效荷载和实体模型叠加效应
模拟预应力锚索原理示意图

在数值建模时，首先，在环锚与混凝土交界面上建立 Interface（接触面）属性，模拟钢绞线和套管之间的摩擦和滑移关系；然后，如图 8-4 所示，其中，θ 为锚索计算断面至张拉端夹角，α 为锚索的环绕角度，采用等效法向荷载和切向荷载模拟环锚锚固后不变的预加应力，同时用实体模型模拟环锚变化的非预加应力；最后，通过受力叠加，计算出环锚在不同工程阶段的应力应变状态。

8.3.1.3　预应力损失非线性分布

无黏结环锚沿程损失计算采用的几何模型见图 8-4，将外圈锚索按封闭圆处理，内圈分为圆弧段、渐近线段、直线段，根据图 8-4 中的几何尺寸，按式（8-3）和式（8-4）计算出沿程摩阻损失分布系数 β，几何特征点的分布系数见表 8-1。预应力值按 $\sigma_2 \sim \sigma_5$ 折减后，可通过沿程摩阻损失分布系数计算出连续的实际预应力值和对应等效荷载值，然后，利用编程语言，将非线性分布的等效法向荷载和切向荷载，按照梯度法则施加到环锚模型的节点上。

$$\beta_1 = \begin{cases} e^{-(kR\theta_1 + \mu\theta_1)} - 2L_f\left(\dfrac{\mu}{R} + k\right)\left(1 - \dfrac{R\theta_1}{L_f}\right) & R\theta_1 \leqslant L_f \\ e^{-(kR\theta_1 + \mu\theta_1)} & R\theta_1 > L_f \end{cases} \quad (8-3)$$

$$\beta_2 = \begin{cases} e^{-(kR\theta_2 + \mu\theta_2)} - 2L_f\left(\dfrac{\mu}{R} + k\right)\left(1 - \dfrac{R\theta_2}{L_f}\right) & R\theta_2 \leqslant L_f \\ e^{-(kR\theta_2 + \mu\theta_2)} & R\theta_2 > L_f \end{cases} \quad (8-4)$$

式中：μ、k 为锚索摩擦系数和偏差系数，由现场摩阻试验确定；β_1、β_2 为第一、第二圈锚索沿程摩阻损失分布系数；θ_1、θ_2 为第一、第二圈锚索计算断面至张拉端夹角；L_f 为锚固回缩影响范围。

表 8-1　　　　　　　　　无黏结环锚沿程损失几何特征点分布系数

环绕角	几何夹角		分布系数		环绕角	几何夹角		分布系数	
$\alpha/(°)$	$\theta_1/(°)$	$\theta_2/(°)$	β_1	β_2	$\alpha/(°)$	$\theta_1/(°)$	$\theta_2/(°)$	β_1	β_2
0	—	350	—	0.770	225	215	125	0.852	0.651
10	0	340	0.855	0.765	270	260	80	0.824	0.630
45	35	305	0.880	0.745	315	305	35	0.797	0.609
90	80	260	0.915	0.720	350	340	0	0.776	0.594
135	125	215	0.911	0.697	360	350	—	0.770	—
180	170	170	0.881	0.974					

8.3.2 数值计算方案与建模

8.3.2.1 计算参数

引松工程总干线预应力衬砌段运行期隧洞最大内水头为 66m，局部洞段拱顶以上最小覆盖层厚度非常薄。预应力衬砌试验段采用 C40 混凝土，内半径为 3.45m，壁厚 0.45m；混凝土弹性模量取 $E_c = 3.25 \times 10^4$ MPa，泊松比 $\mu = 0.167$，轴心抗拉强度设计值 $f_c = 19.5$ MPa；轴心抗拉强度设计值 $f_t = 1.80$ MPa；混凝土自重（衬砌自重）取 2400kg/m³，即 $\gamma_c = 23.52$ kN/m³。

预应力锚索强度标准值 $f_{ptk} = 1860$ MPa，强度设计值 $f_{py} = 1260$ MPa，每根无黏结筋由 $7\phi5$ 高强低松弛钢绞线组成，公称直径 $D_n = 15.2$ mm；截面积 $S_n = 140$ mm²；每延米质量 $G_n = 1.101$ kg。

数值计算中，考虑到模型复杂、单元数较多，若外水荷载按渗透力施加会使模型计算收敛速度大幅降低，且外水压力较小（埋深较小），因此，外水压力采用等效面力加载。模型物理力学参数依据室内和现场试验结果取值，试验段岩体是 V 类凝灰岩，岩体物理力学参数取值见表 8-2。

表 8-2 围岩物理力学参数取值表

岩性	围岩类别	密度/(kg/m³)	变形模量/GPa	泊松比	黏聚力/MPa	摩擦角/(°)
凝灰岩	V	2500	0.9	0.4	0.05	25

围岩与衬砌之间和环锚与混凝土之间接触面采用的力学参数见表 8-3。

表 8-3 接触面力学特性参数

计算参数	法向刚度 k_n/(GPa/mm)	剪切刚度 k_s/(GPa/mm)	黏聚力 c_{if}/MPa	摩擦角 ϕ_{if}/(°)	膨胀角 ψ_{if}/(°)
围岩与衬砌之间	2.63	1.82	0.3	29	25
环锚与混凝土之间	32.9	25.5	0	0	0

8.3.2.2 几何尺寸

环锚衬砌计算分析时，数值模型环锚间距为 50cm、衬砌厚度 45cm、锚具槽尺寸为 120cm×20cm×20cm。考虑到边界效应对计算结果的影响，围岩取值范围超过 2.5 倍洞径。数值模型主要尺寸见表 8-4。

表 8-4 模型尺寸

模型参数	环锚间距/cm	衬砌厚度/cm	锚具槽尺寸/(cm×cm×cm)	围岩尺寸/(m×m×m)
参数值	50	45	120×20×20	60×60×3

单层双圈法环锚衬砌数值模型示意图见图 8-5。

8.3.2.3　数值模型

在数值建模时，衬砌采用服从线弹性准则的六面体网格实体单元，围岩采用服从 Mohr - Coulomb 弹塑性准则的六面体网格实体单元，预应力环锚采用上述提出的"实体＋等效荷载＋接触面"模型，非预应力筋采用壳单元（Shell）模型，在衬砌和围岩之间设置服从 Mohr 屈服准则的 Interface 属性用以模拟二者相互紧贴、相互滑动以及相互脱离的状态。环锚衬砌三维数值模型见图 8-6 和图 8-7。

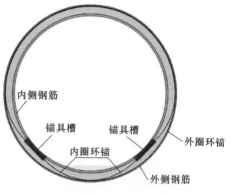

图 8-5　单层双圈法环锚衬砌数值模型示意图

（a）衬砌与围岩整体模型（实体）

（b）衬砌内部及环锚模型（实体）

图 8-6　环锚衬砌-围岩三维数值模型

图 8-7　环锚衬砌三维数值模型

环锚衬砌三维局部数值模型见图8-8。

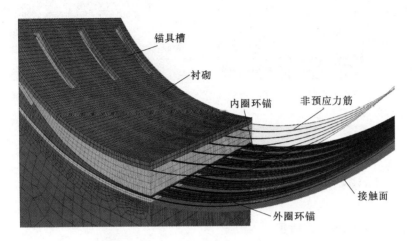

图8-8 环锚衬砌三维局部数值模型

8.3.3 数值模拟监测方案

数值计算过程中，对体现预应力效果的关键部位进行应力应变值监测，在衬砌360°范围内各取32个监测点，图8-9为衬砌混凝土应力监测点布置图，图8-10为衬砌混凝土变形监测点布置图。

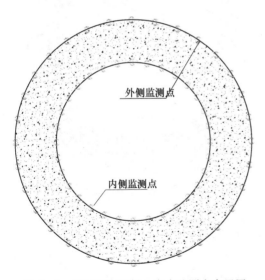

图8-9 环锚衬砌混凝土应力监测点布置图

图8-10 环锚衬砌混凝土变形监测点布置图

因锚具槽部位受力复杂且是薄弱环节，对这一部位监测点进行加密，并进行独立数据分析，图8-11是锚具槽附近混凝土监测点布置。

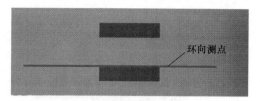

（a）锚具槽附近轴向监测点布置　　　　　（b）锚具槽附近环向监测点布置

图 8-11　环锚衬砌锚具槽附近混凝土监测点布置图

8.4　预应力环锚衬砌力学特性

8.4.1　环锚衬砌整体预应力效果

张拉后环锚衬砌受力最小主应力（$\sigma_{\min}$）和最大主应力（$\sigma_{\max}$）云图见图 8-12。环锚衬砌张拉后，除锚具槽部位外，衬砌整体预应力效果均匀，主要环向预应力（$\sigma_{\min}$）值为 3.0～4.5MPa。衬砌左右边墙表层部位的预应力值稍大，为 4.5～5.5MPa。

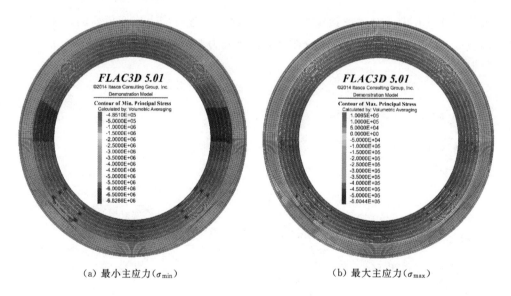

（a）最小主应力（$\sigma_{\min}$）　　　　　　（b）最大主应力（$\sigma_{\max}$）

图 8-12　张拉后环锚衬砌整体预应力效果图（单位：Pa）

8.4.2　环锚截面和锚间截面衬砌预应力效果

环锚截面和锚间截面是环锚衬砌受力的典型剖面，张拉后环锚衬砌受力最小主应力（$\sigma_{\min}$）和最大主应力（$\sigma_{\max}$）云图见图 8-13 和图 8-14，特征点最小主应力（$\sigma_{\min}$）沿环绕角变化曲线见图 8-15。

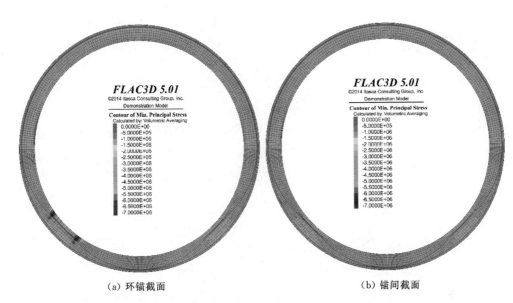

（a）环锚截面　　　　　　　　　　（b）锚间截面

图 8-13　张拉后环锚衬砌混凝土最小主应力（$\sigma_{\min}$）云图（单位：Pa）

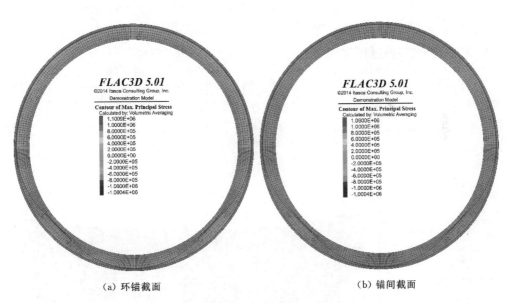

（a）环锚截面　　　　　　　　　　（b）锚间截面

图 8-14　张拉后环锚衬砌混凝土最大主应力（$\sigma_{\max}$）云图（单位：Pa）

　　环锚张拉后，环锚截面和锚间截面的衬砌环向预应力最小主应力（$\sigma_{\min}$）分布规律和量值基本一致，除锚具槽附近外，无论在衬砌内侧还是外侧，二者差值均小于 5%。由于环锚摩阻损失的非线性分布、锚具槽预应力空缺以及重力作用影响，沿 360°环绕角度衬砌环向预应力呈略微非均匀分布。衬砌内侧环向预应力最大值为 5.67MPa，位于衬砌环绕角 90°和 270°附近；衬砌外侧环向预应力最大值为 4.44MPa，位于衬砌环绕角 135°和 225°附近。

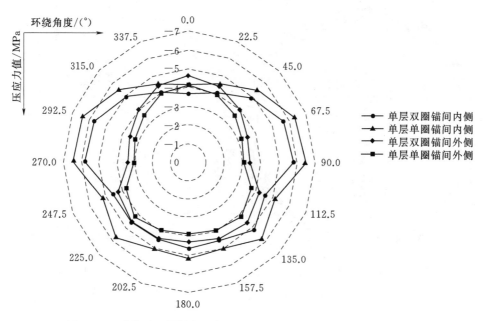

图 8-15　张拉后环锚衬砌混凝土最小主应力（σ_{min}）特征点分布曲线

8.4.3　锚具槽部位衬砌预应力效果

衬砌内侧左右下方 45°部位，因张拉槽的布置，会导致局部预应力缺失，且张拉槽附近受力较复杂，衬砌拉应力区分布在张拉槽环向临空面附近，衬砌受压最大区域分布在相邻张拉槽之间。张拉后环锚衬砌下部混凝土最小主应力（σ_{min}）云图见图 8-16，张拉后环锚衬砌下部混凝土最大主应力（σ_{max}）云图见图 8-17。

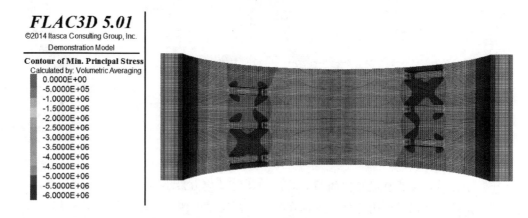

图 8-16　张拉后环锚衬砌下部混凝土最小主应力（σ_{min}）云图（单位：Pa）

环锚张拉后，锚具槽附近沿环向压应力最大值为 7.85MPa，沿环向均有压应力，锚具槽附近沿纵向压应力最大值为 5.72MPa，沿纵向拉应力最大值为 0.16MPa；衬砌拉应

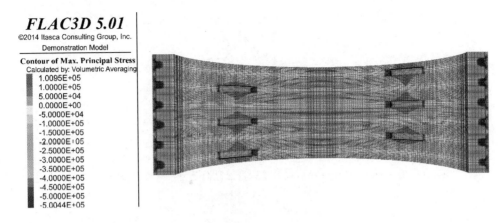

图 8-17 张拉后环锚衬砌下部混凝土最大主应力（σ_{max}）云图（单位：Pa）

力区主要分布在锚具槽环向的临空面附近，衬砌受压最大区域分布在相邻锚具槽之间，见图 8-18～图 8-21。

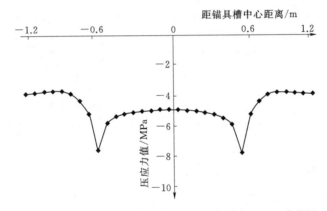

图 8-18 环锚张拉后锚具槽附近沿环向受力（σ_1）曲线图

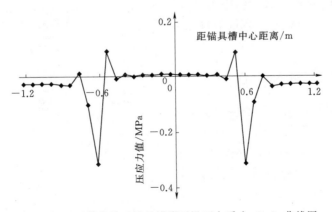

图 8-19 环锚张拉后锚具槽附近沿环向受力（σ_3）曲线图

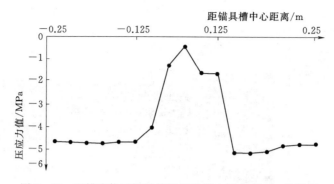

图 8-20　环锚张拉后锚具槽附近沿纵向受力（σ_1）曲线图

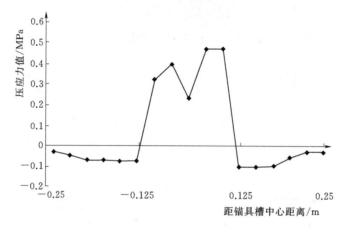

图 8-21　环锚张拉后锚具槽附近沿纵向受力（σ_3）曲线图

8.4.4　环锚衬砌非预应力钢筋受力规律

环锚衬砌张拉后，内侧和外侧非预应力钢筋全部处于受压状态，从图 8-22 可以看出，锚具槽背后的非预应力钢筋受力较大，最大压应力值为 33.71MPa，分布于衬砌环绕角 135°和 225°附近。

8.4.5　预应力环锚衬砌变形特征

因环锚衬砌张拉，预应力使得中上部衬砌混凝土向内收缩，见图 8-23 的张拉后环锚衬砌变形云图，衬砌和围岩边界处脱离，缝面开度逐渐增大，由张拉后环锚衬砌-围岩接触面（Interface）缝面开度（图 8-24）可以看出顶部缝面开度达到最大值 1.6mm。因此，在张拉后，可对环锚衬砌进行回填灌

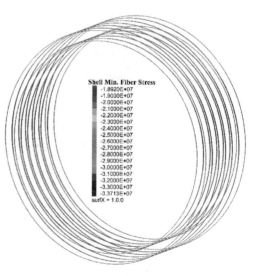

图 8-22　环锚衬砌非预应力
钢筋受力（压应力）图（单位：Pa）

浆或接触灌浆，以促进衬砌和围岩的联合承载，增加环锚衬砌安全裕度。

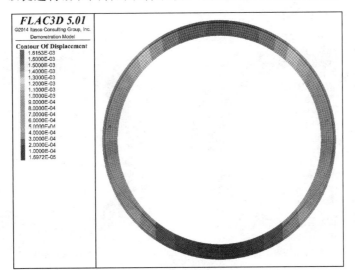

图 8 - 23　张拉后环锚衬砌变形（Displacement）云图（单位：m）

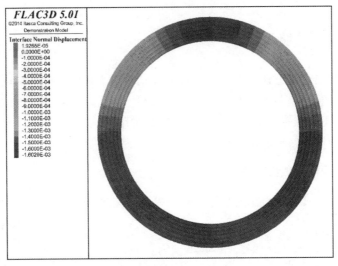

图 8 - 24　张拉后环锚衬砌-围岩接触面（Interface）缝面开度（单位：m）

8.4.6　运行期预应力环锚衬砌承载能力

施加运行期水压 0.55MPa 后环锚预应力衬砌受力最小主应力（$\sigma_{\min}$）云图和最大主应力（$\sigma_{\max}$）云图见图 8 - 25。由图 8 - 25 可知，施加内水压力 0.6MPa 后，衬砌整体受压，仅在锚具槽部位出现拉应力，但因原数值模型无法对锚具槽回填微膨胀混凝土的效果进行模拟，锚具槽回填后的应力改善效果无法体现，因而对锚具槽附近出现的拉应力不进行讨论。衬砌在内水荷载作用下整体应力分布较均匀，环向预压应力（$\sigma_{\min}$）值大部分为 0.5～2.0MPa。除锚具槽部位外，衬砌左右两侧内表面为预压应力值最大部位，衬砌整体应力分布情况和张拉后应力分布情况极为相似，与现场试验结果完全相符。在径向方向（衬砌厚度方向），顶部及其附近部位，衬砌预压应力由外向内梯度递减变化，而其他部位衬砌预压应力由外向内梯度递增变化。

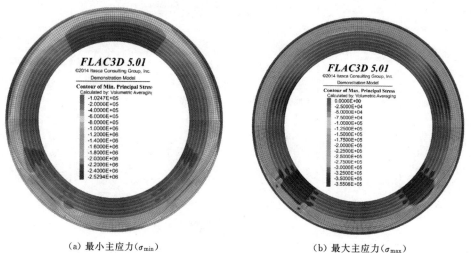

（a）最小主应力（σ_{min}）　　　　　（b）最大主应力（σ_{max}）

图 8-25　施加 0.55MPa 运行水压时环锚预应力衬砌整体预应力效果图（单位：Pa）

8.5　数值模型方法验证

利用 8.3 节提出建模方法，对引松工程无黏结预应力环锚衬砌结构进行应力应变状态计算，并将数值计算结果与实际监测数据逐项对比，然后，针对混凝土预应力效果（整体和局部）、受力最不利位置和衬砌薄弱环节（锚具槽附件）、衬砌变形以及环锚衬砌潜在破坏模式等几个方面展开对比验证分析。

8.5.1　环锚衬砌预应力效果验证

由环锚衬砌 D1～D4 断面监测数值和数值模拟结果的预应力值对比图（图 8-26～图

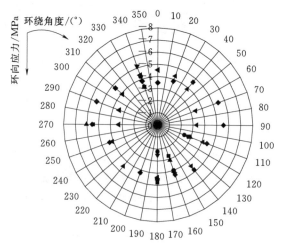

图 8-26　D1 断面锚索张拉后衬砌混凝土应力状态

8-29）可以看出，在衬砌预加应力分布规律方面，数值计算结果与实测数据表现出较好的一致性。沿衬砌厚度方向，预应力值由两侧向顶底部呈递减分布，除了锚具槽附近的混凝土存在应力集中外，整体预应力分布均匀。

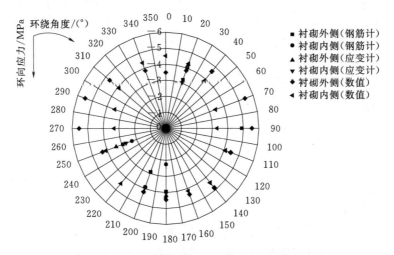

图 8-27　D2 断面锚索张拉后衬砌混凝土应力状态

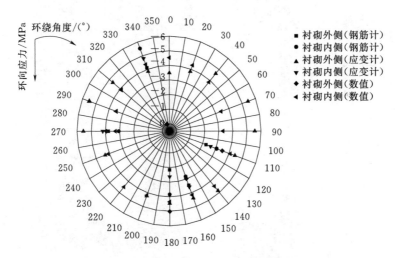

图 8-28　D3 断面锚索张拉后衬砌混凝土应力状态

8.5.2　锚具槽部位受力状态验证

采用应变片对锚具槽周围混凝土进行受力监测，得到的应力等值线图（图 8-30），与数值计算结果比较后可知，数值分析成果与现场监测基本反应的规律基本一致：

（1）锚具槽及其周边区域是预应力效果的薄弱区，锚具槽长度方向两端（张拉端与锚固端）预应力值都较小。

（2）衬砌弱区主要分布在锚具槽环向的临空面附近，衬砌受压最大区域分布在相邻锚具槽间，数值计算的压应力最大值为 7.85MPa，现场监测值为 8.21MPa。

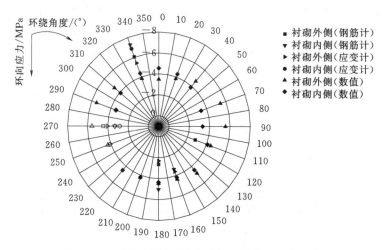

图 8 - 29　D4 断面锚索张拉后衬砌混凝土应力状态

（3）锚具槽部位受力状态规律上也是基本分布一致。

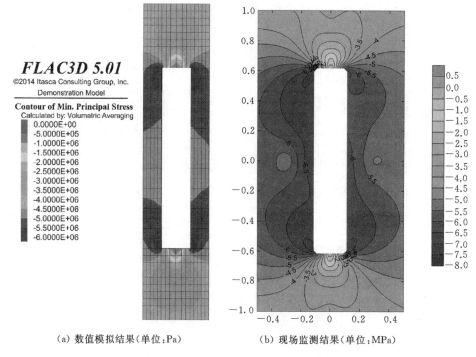

（a）数值模拟结果（单位：Pa）　　　　（b）现场监测结果（单位：MPa）

图 8 - 30　环锚张拉后衬砌混凝土应力状态

8.5.3　预应力环锚衬砌变形状态

锚索张拉后，预压应力使中上部位衬砌混凝土向内收缩，二者在边界面处脱离，顶部接触面的缝面开度计算最大值为 1.60mm（图 8 - 31），此处的监测数据值为 1.22mm 和 1.31mm（图 8 - 32）。监测数据偏小的可能原因是围岩在施工期间发生了小量的流变变形，而数值计算本构模型采用了不考虑时间效应的弹塑性模型。

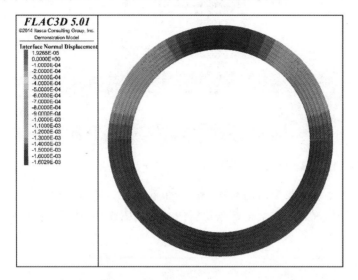

图 8-31 张拉后环锚衬砌-围岩接触面（Interface）缝面开度（单位：m）

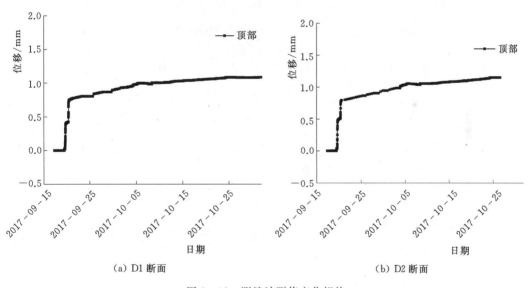

（a）D1 断面　　　　　　　　　　　（b）D2 断面

图 8-32 测缝计测值变化规律

8.5.4 张拉后环锚衬砌潜在破坏模式

结合图 8-18～图 8-21 的数据以及图 8-33 的锚具槽局部最大主应力（σ_{max}）分布云图，进行衬砌薄弱区域的潜在破坏特征分析，可以看出，在锚具槽附近可能出现两种裂缝：

（1）一种裂缝是垂直于锚具槽环向临空面，沿锚索径向压力作用线向衬砌深处开展。

（2）另一种裂缝是起源于矩形锚具槽边角部位，向锚具槽环临空面 45°方向扩展。

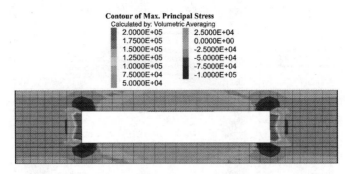

图 8-33　锚具槽局部最大主应力（σ_{max}）分布云图（单位：Pa）

小浪底工程施工现场张拉后的衬砌裂缝分布素描图（见图 8-34）也反映出了这种因应力集中产生裂缝的现象，锚索全部张拉后的衬砌内侧锚具槽附近混凝土出现开裂，甚至少量碎片崩出。

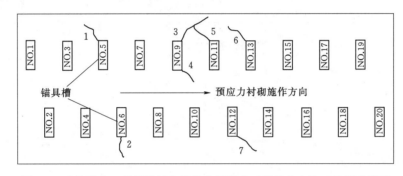

图 8-34　小浪底工程环锚衬砌张拉全部结束时裂缝分布施工现场素描图

因此，在预应力体系张拉完成后，应对锚具槽部位进行检查，如果出现裂缝等问题，应慎重回填和修补，以使得衬砌成为受力均匀的整体。

第9章 不同结构形式环锚衬砌数值模拟及预应力效果

9.1 引言

压力隧洞直径、内水压力值以及围岩条件常常具有特殊性，无黏结预应力环锚衬砌应设计为不同结构形式以满足工程需要。环锚衬砌的结构调整主要涉及：锚具槽位置、环锚缠绕方法、衬砌厚度以及环锚间距。此外，按《水工隧洞设计规范》（SL 279—2016）要求压力隧洞内部必须为圆形，但衬砌外侧时常因围岩超/欠挖，实际隧洞断面形状近似为马蹄形，环锚衬砌力学特性也会受之影响。鉴于此，工程应用时应明确不同结构形式环锚衬砌的预应力效果。不同结构形式环锚衬砌的数值模拟内容主要包括：

（1）锚具槽位置对预应力环锚衬砌力学特性影响。

（2）环锚缠绕方法对预应力环锚衬砌力学特性影响。

（3）衬砌厚度对预应力环锚衬砌力学特性影响。

（4）环锚间距对预应力环锚衬砌力学特性影响。

（5）隧洞洞型对预应力环锚衬砌力学特性影响。

采用第8章建议的等效荷载和实体建模相结合的方法模拟无黏结环锚的传力过程，根据环锚在混凝土衬砌中的受力特性，将环锚应力分为不变的预应力分量和变化的非预应力分量。数值建模过程中，首先，在环锚与混凝土交界面上建立接触面（Interface）属性，模拟环锚和PE套管之间的摩擦和滑移关系；然后，采用等效法向荷载和切向荷载模拟环锚锚固后不变的预应力，同时用实体模型被动受力模拟环锚变化的非预应力；最后，通过受力叠加，计算出环锚在不同工程阶段的应力应变状态。预应力环锚衬砌三维数值模型见第8章。

9.2 锚具槽位置对环锚衬砌力学特性影响

9.2.1 锚具槽位置数值计算方案

研究锚具槽位置对环锚衬砌力学特性影响，锚具槽交叉角度分别设置为60°、90°、120°三种方案，环锚为单层双圈缠绕，计算方案和模型尺寸见表9-1。

表9-1　　　　　　　　　　计算方案与模型尺寸

方案	环锚间距/cm	衬砌厚度/cm	锚具槽尺寸/(cm×cm×cm)	锚具槽位置
1	45	50	120×20×20	左右对称60°
2	45	50	120×20×20	左右对称90°
3	45	50	120×20×20	左右对称120°

不同锚具槽交叉角度的环锚衬砌数值模型如图 9-1 所示。

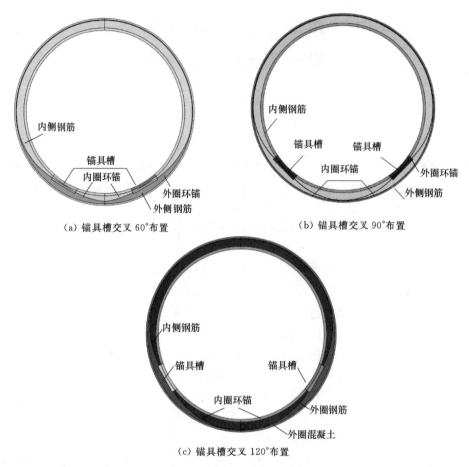

（a）锚具槽交叉 60°布置　　（b）锚具槽交叉 90°布置

（c）锚具槽交叉 120°布置

图 9-1　不同锚具槽布置方式数值计算模型示意图

不同交叉角度锚具槽布置时无黏结预应力环锚沿程损失分布系数见表 9-2～表 9-4。

表 9-2　　　　　　　　锚具槽交叉 **60°布置无黏结预应力环锚沿程损失分布系数**

交叉角	几何夹角		分布系数		交叉角	几何夹角		分布系数	
$\alpha/(°)$	$\theta_1/(°)$	$\theta_2/(°)$	β_1	β_2	$\alpha/(°)$	$\theta_1/(°)$	$\theta_2/(°)$	β_1	β_2
0	20	290	0.880	0.745	315	200	20	0.797	0.609
10	65	245	0.915	0.720	350	245	0	0.776	0.594
45	110	200	0.911	0.697	360	290	—	0.770	—
90	155	155	0.881	0.674	—	325	350	—	0.770
135	210	110	0.852	0.651	0	335	340	0.855	0.765
180	255	65	0.824	0.630					

表 9-3　　　　　锚具槽交叉 90°布置无黏结预应力环锚沿程损失分布系数

交叉角	几何夹角		分布系数		交叉角	几何夹角		分布系数	
$\alpha/(°)$	$\theta_1/(°)$	$\theta_2/(°)$	β_1	β_2	$\alpha/(°)$	$\theta_1/(°)$	$\theta_2/(°)$	β_1	β_2
0	35	305	0.880	0.745	315	215	35	0.797	0.609
10	80	260	0.915	0.720	350	260	0	0.776	0.594
45	125	215	0.911	0.697	360	305	—	0.770	—
90	170	170	0.881	0.674	—	340	350	—	0.770
135	225	125	0.852	0.651	0	350	340	0.855	0.765
180	270	80	0.824	0.630					

表 9-4　　　　　锚具槽交叉 120°布置无黏结预应力环锚沿程损失分布系数

交叉角	几何夹角		分布系数		交叉角	几何夹角		分布系数	
$\alpha/(°)$	$\theta_1/(°)$	$\theta_2/(°)$	β_1	β_2	$\alpha/(°)$	$\theta_1/(°)$	$\theta_2/(°)$	β_1	β_2
0	50	290	0.880	0.745	315	230	50	0.797	0.609
10	95	275	0.915	0.720	350	275	0	0.776	0.594
45	145	230	0.911	0.697	360	290	—	0.770	—
90	185	185	0.881	0.674	—	355	350	—	0.770
135	240	125	0.852	0.651	0	5	340	0.855	0.765
180	285	95	0.824	0.630					

9.2.2 张拉后环锚衬砌典型截面预应力效果

环锚衬砌张拉后，典型截面预应力衬砌混凝土的最小主应力分布规律见图 9-2～图 9-4。除锚具槽部位外，衬砌整体预应力分布比较均匀。锚具槽 90°布置方案，环锚张拉后，衬砌内侧预应力最大值为 5.9MPa，位于衬砌交叉角 90°和 270°附近；衬砌内侧预应力最小值为 3.8MPa，位于衬砌顶部；衬砌外侧预应力最大值为 4.6MPa，位于衬砌交叉角 135°和 225°附近；衬砌外侧预应力最小值为 3.8MPa，位于交叉角 90°和 270°附近。

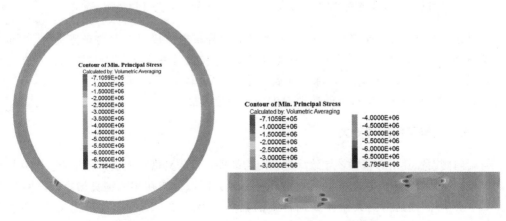

（a）环向应力分布　　　　　　　　　　（b）纵向应力分布

图 9-2　锚具槽交叉 60°布置张拉后预应力混凝土 σ_{min} 云图（单位：Pa）

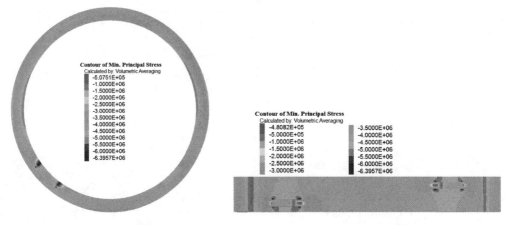

（a）环向应力分布　　　　　　　　　　　　（b）纵向应力分布

图9-3　锚具槽交叉90°布置张拉后预应力混凝土 σ_{min} 云图（单位：Pa）

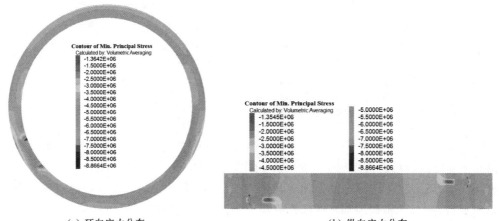

（a）环向应力分布　　　　　　　　　　　　（b）纵向应力分布

图9-4　锚具槽交叉120°布置张拉后预应力混凝土 σ_{min} 云图（单位：Pa）

　　锚具槽交叉60°和锚具槽交叉90°衬砌的预应力分布规律接近，但锚具槽交叉90°布置方案整体预应力值较大，效果更好。锚具槽交叉90°和锚具槽交叉120°布置相比，在衬砌外侧，锚具槽交叉120°布置时，除拱顶部位预应力值较大外，其他部位预应力均较小。综合来看，锚具槽交叉90°布置的环锚衬砌预应力效果最佳。

9.2.3　张拉后锚具槽部位受力

　　衬砌内侧因锚具槽的布置，导致局部预应力缺失，且锚具槽附近受力较复杂，衬砌拉应力区分布在锚具槽环向的临空面附近，衬砌受压最大区域分布在相邻锚具槽之间。图9-5和图9-6为不同锚具槽交叉角度环锚衬砌的锚具槽附近受力图。锚具槽交叉60°布置方案，环锚张拉后，锚具槽附近压应力最大值为7.89MPa，拉应力最大值为1.09MPa；锚具槽交叉90°布置方案，环锚张拉后，锚具槽附近压应力最大值为7.16MPa，拉应力最大值为 1.13MPa；锚具槽交叉 120°布置方案，环锚张拉后，锚具槽附近压应力最大值为 8.16MPa，拉应力最大值为 1.53MPa。三种方案相比，锚具槽附近拉应力值没有明显变化，压应力值随着锚具槽交叉角度增大而增大，锚具槽交叉 120°布置时，压应力增大约 12.3%。

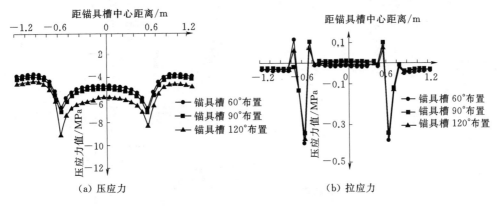

图 9-5 环锚张拉后锚具槽附近环向受力曲线图

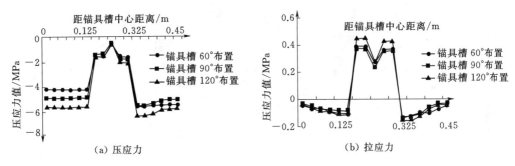

图 9-6 环锚张拉后锚具槽附近轴向受力曲线图

9.2.4 运行及超载水压条件下环锚衬砌承载能力

采用三维数值模型对运行水压（0.60MPa）及超载水压条件下（0.75MPa 和 1.0MPa）预应力衬砌承载能力分析，预应力混凝土最小主应力（σ_{min}）分布规律见图 9-7。施加运行期内水压力后，衬砌混凝土压应力逐渐减小，拉应力增大，受力不利的位置主要分布在锚具槽附近，与其他方案相比，锚具槽 120°交叉角布置时环锚中心截面内侧预应力分布稍差。

随着水压力增加，衬砌混凝土拉应力区从锚具槽部位向外扩展，范围逐渐扩大。0.75MPa 内水压力时，锚具槽后面混凝土出现比较明显的预应力薄弱区，此部位混凝土受力状态较差，但锚具槽交叉 90°布置时衬砌的拉应力区相对较小。1.0MPa 内水压力时，锚具槽交叉 60°和 120°布置的环锚衬砌拉应力区出现贯通趋势，而锚具槽 90°交叉角布置时衬砌仍以受压为主，仍有安全裕度。

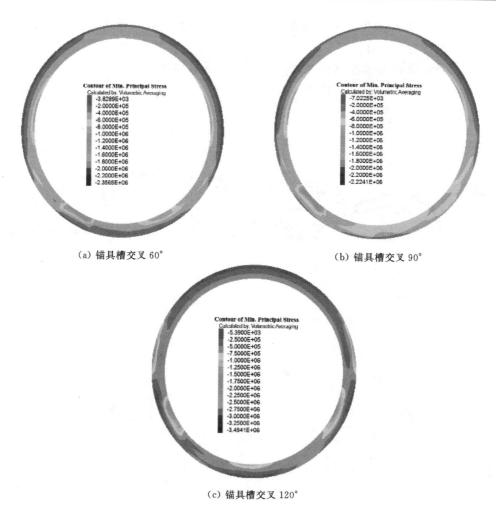

（a）锚具槽交叉 60°　　　　　　　　　（b）锚具槽交叉 90°

（c）锚具槽交叉 120°

图 9 - 7　运行水压条件下（0.60 MPa）预应力混凝土 $\sigma_{\min}$ 云图（单位：Pa）

9.3　环锚缠绕方法对环锚衬砌力学特性影响

9.3.1　环锚缠绕方法数值计算方案

分别对单层双圈和单层单圈两种环锚缠绕方式的无黏结预应力环锚衬砌进行数值模拟，以寻求最优的环锚缠绕方式，锚具槽以双排 45°交叉方式布置于衬砌下部。计算方案与模型尺寸见表 9 - 5。

表 9 - 5　　　　　　　　　　　　　计算方案与模型尺寸

方案	环锚间距/cm	衬砌厚度/cm	锚具槽尺寸/(cm×cm×cm)	环锚数量
单层单圈缠绕	45	50	120×20×20	8 根单圈
单层双圈缠绕	45	50	120×20×20	4 根双圈

单层单圈缠绕和单层双圈缠绕方式的环锚衬砌三维数值模型见图9-8。

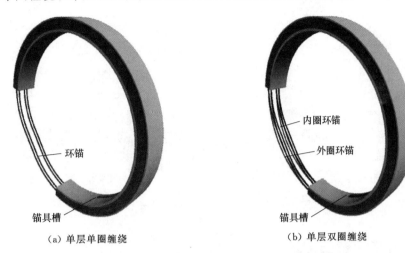

（a）单层单圈缠绕　　　　　　　（b）单层双圈缠绕

图9-8　不同环锚缠绕方法的三维数值模型

单层单圈缠绕和单层双圈缠绕方式无黏结预应力环锚沿程损失分布系数见表9-6和表9-7。

表9-6　　　　　　　单层单圈缠绕无黏结预应力环锚沿程损失分布系数

缠绕角 $\alpha/(°)$	几何夹角 $\theta_1/(°)$	分布系数 β_1	缠绕角 $\alpha/(°)$	几何夹角 $\theta_1/(°)$	分布系数 β_1
0	35	0.880	180	270	0.824
10	80	0.915	315	215	0.797
45	125	0.911	350	260	0.776
90	170	0.881	360	305	0.770
135	225	0.852			

表9-7　　　　　　　单层双圈缠绕无黏结预应力环锚沿程损失分布系数

缠绕角 $\alpha/(°)$	几何夹角 $\theta_1/(°)$	几何夹角 $\theta_2/(°)$	分布系数 β_1	分布系数 β_2	缠绕角 $\alpha/(°)$	几何夹角 $\theta_1/(°)$	几何夹角 $\theta_2/(°)$	分布系数 β_1	分布系数 β_2
0	35	305	0.880	0.745	315	215	35	0.797	0.609
10	80	260	0.915	0.720	350	260	0	0.776	0.594
45	125	215	0.911	0.697	360	305	—	0.770	—
90	170	170	0.881	0.674	—	340	350	—	0.770
135	225	125	0.852	0.651	0	350	340	0.855	0.765
180	270	80	0.824	0.630					

9.3.2　张拉后环锚衬砌典型截面预应力效果

环锚张拉后，预应力衬砌混凝土最小主应力分布规律见图9-9和图9-10。图9-11

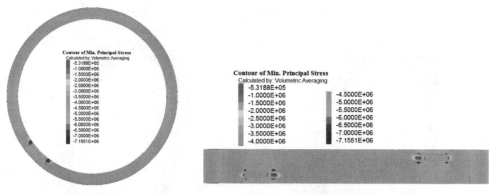

（a）环向预应力　　　　　　　　　　　　　（b）纵向预应力

图 9-9　单层双圈环锚衬砌张拉后混凝土 $\sigma_{\min}$ 云图（单位：Pa）

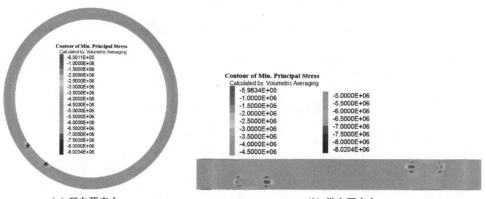

（a）环向预应力　　　　　　　　　　　　　（b）纵向预应力

图 9-10　单层单圈环锚衬砌张拉后混凝土 $\sigma_{\min}$ 云图（单位：Pa）

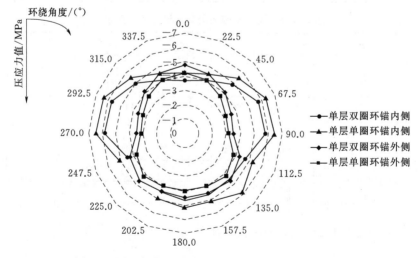

图 9-11　张拉后环锚衬砌典型截面特征点 $\sigma_{\min}$ 曲线图

是张拉后环锚衬砌预应力沿缠绕角变化的曲线图。单层双圈布置方案,衬砌内侧预应力最大值为5.9MPa,位于衬砌缠绕角90°和270°附近;衬砌内侧预应力最小值为3.8MPa,位于衬砌顶部;衬砌外侧预应力最大值为4.6MPa,位于衬砌缠绕角135°和225°附近;衬砌外侧预应力最小值为3.8MPa,位于缠绕角90°和270°附近。单层单圈布置方案,衬砌内侧预应力最大值为6.5MPa,位于衬砌缠绕角90°和270°附近;衬砌内侧预应力最小值为4.1MPa,位于衬砌顶部;衬砌外侧预应力最大值为4.1MPa,位于衬砌缠绕角135°和225°附近;衬砌外侧预应力最小值为3.0MPa,位于缠绕角90°和270°附近。

两种衬砌的预应力分布整体都均匀,且衬砌内侧应力明显大于外侧。在衬砌内侧,单层单圈法衬砌预应力值较大,二者最大值相差9.23%,差值为0.6MPa;在衬砌外侧,单层双圈法衬砌预应力值较大,二者最大值相差10.8%,差值为0.5MPa。因此,从张拉后衬砌的预应力效果来看,二者没有很大差别。

9.3.3 张拉后锚具槽部位受力

衬砌内侧左右下方45°部位,因锚具槽的布置,导致局部预应力缺失,衬砌拉应力区分布在锚具槽环向的临空面附近,衬砌受压最大区域分布在相邻锚具槽之间。图9-12和图9-13为单层双圈和单层单圈环锚衬砌的锚具槽附近受力图。单层双圈布置,锚具槽附

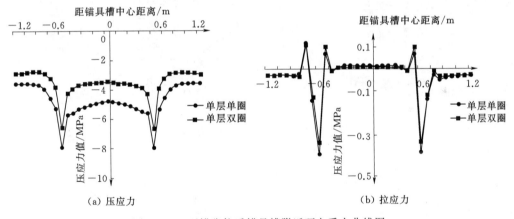

图9-12 环锚张拉后锚具槽附近环向受力曲线图

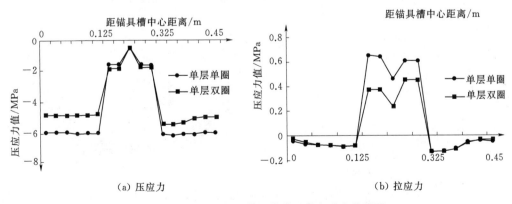

图9-13 环锚张拉后锚具槽附近轴向受力曲线图

近压应力最大值为7.16MPa，拉应力最大值为0.5MPa；单层单圈布置，锚具槽附近压应力最大值为8.08MPa，拉应力最大值为0.7MPa。二者相比，单层双圈缠绕时锚具槽附近受力状态更好。

9.3.4　运行及超载水压条件下环锚衬砌承载能力

运行水压（0.60MPa）及超载水压条件下（0.75MPa和1.0MPa）不同环锚缠绕方式预应力混凝土最小主应力分布规律见图9-14和图9-15，最大主应力云图见图9-16和图9-17。运行水压力时，单层双圈环锚衬砌整体压应力处于0.7～1.7MPa；单层单圈环锚衬砌整体压应力处于0.7～1.5MPa，二者差别很小。

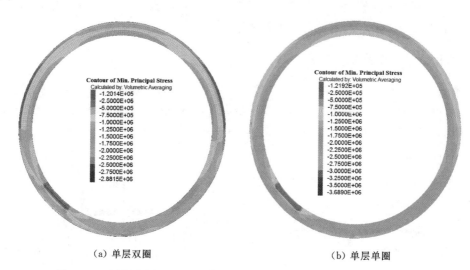

（a）单层双圈　　　　　　　　　　　　（b）单层单圈

图9-14　运行水压0.60MPa条件下预应力混凝土 σ_{min} 云图（单位：Pa）

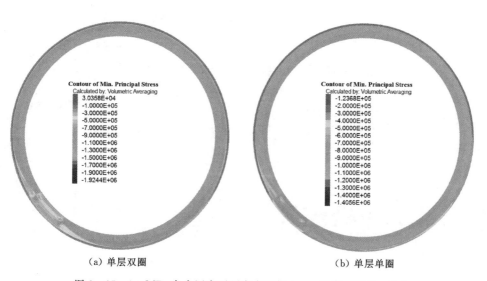

（a）单层双圈　　　　　　　　　　　　（b）单层单圈

图9-15　1.0MPa水头压力下预应力混凝土 σ_{min} 云图（单位：Pa）

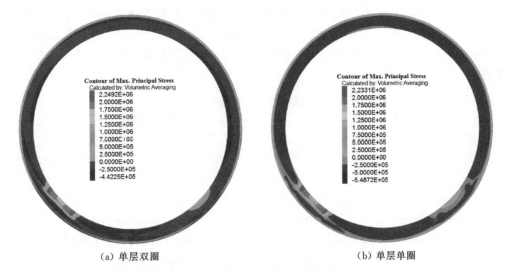

(a) 单层双圈　　　　　　　　　　(b) 单层单圈

图 9-16　运行水压条件下预应力混凝土 σ_{max} 图（单位：Pa）

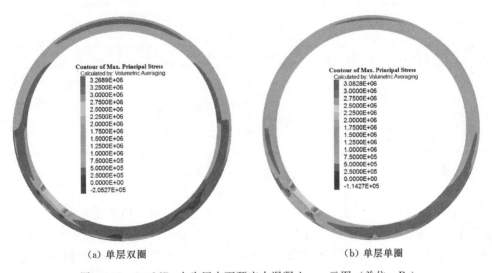

(a) 单层双圈　　　　　　　　　　(b) 单层单圈

图 9-17　1.0MPa 水头压力下预应力混凝土 σ_{max} 云图（单位：Pa）

随着水压力增加，衬砌混凝土拉应力区从锚具槽部位向外扩展，范围逐渐扩大。1.0MPa 超载时，单层双圈环锚衬砌锚具槽部位拉应力处于 0.4～2.0MPa，而单层单圈环锚衬砌同一部位拉应力处于 0.75～2.25MPa，且拉应力区已经明显贯通，衬砌已经开裂。因此，单层单圈环锚缠绕环锚衬砌更容易发生超载破坏。

9.4　衬砌厚度对环锚衬砌力学特性影响

9.4.1　衬砌厚度数值计算方案

衬砌厚度小不仅能够降低工程造价，还能增加过水断面面积，提高输水隧洞运行效率，但预应力环锚绑扎于钢筋内侧，并浇筑于衬砌之内，衬砌厚度过小会使混凝土浇筑质量受到影响。综合考虑，选取衬砌厚度 45cm、50cm、55cm 和 60cm，开展衬砌结构数值计算，对比衬砌厚度与衬砌预应力效果的关系，环锚为单层双圈缠绕。计算模型和尺寸参数见表 9-8。

表 9-8　计算模型和尺寸参数

衬砌厚度/cm	环锚间距/cm	锚具槽尺寸/(cm×cm×cm)	锚具槽位置
45	45	120×20×20	侧部±45°交叉
50	45	120×20×20	侧部±45°交叉
55	45	120×20×20	侧部±45°交叉
60	45	120×20×20	侧部±45°交叉

衬砌厚度不影响预应力损失分布，无黏结预应力环锚沿程损失分布系数见表 9-9。

表 9-9　无黏结预应力环锚沿程损失分布系数

缠绕角 $\alpha/(°)$	几何夹角		分布系数		缠绕角 $\alpha/(°)$	几何夹角		分布系数	
	$\theta_1/(°)$	$\theta_2/(°)$	β_1	β_2		$\theta_1/(°)$	$\theta_2/(°)$	β_1	β_2
0	35	305	0.880	0.745	315	215	35	0.797	0.609
10	80	260	0.915	0.720	350	260	0	0.776	0.594
45	125	215	0.911	0.697	360	305	—	0.770	—
90	170	170	0.881	0.674	—	340	350	—	0.770
135	225	125	0.852	0.651	0	350	340	0.855	0.765
180	270	80	0.824	0.630					

9.4.2　不同衬砌厚度的环锚衬砌预应力效果

图 9-18 和图 9-19 是张拉后环锚中心截面特征点 σ_{min} 沿缠绕角变化曲线图，随着衬砌厚度减小，预应力值逐渐增大，衬砌厚度每减小 5cm，衬砌整体预应力增加 0.3～0.5MPa。衬砌厚度的变化不影响应力分布形态，内侧压应力最大值位于衬砌缠绕角 90°

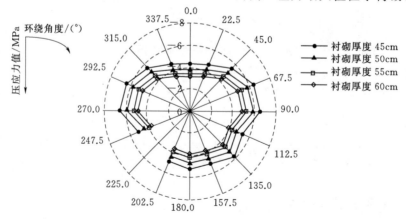

图 9-18　张拉后预应力混凝土内侧截面特征点 σ_{min} 曲线图

和270°附近，衬砌内侧预应力最小值位于衬砌顶部，衬砌外侧预应力位于衬砌缠绕角135°和225°附近，衬砌外侧预应力最小值位于缠绕角90°和270°附近。整体来看，不同衬砌厚度的混凝土衬砌环锚张拉后，环向预应力分布都较为均匀。

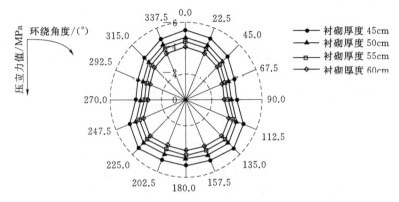

图 9-19 张拉后预应力混凝土外侧截面特征点 σ_{min} 曲线图

数值分析运行水压（0.6MPa）时不同厚度的衬砌受力情况，不同衬砌厚度的环锚中心截面特征点 σ_{min} 沿缠绕角变化曲线图见图 9-20 和图 9-21，σ_{max} 沿缠绕角变化曲线图见

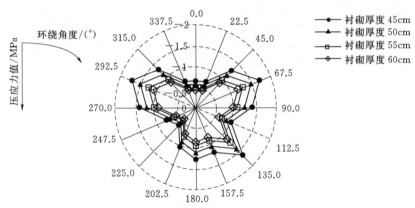

图 9-20 施加运行水压后预应力混凝土内侧截面特征点 σ_{min} 曲线图

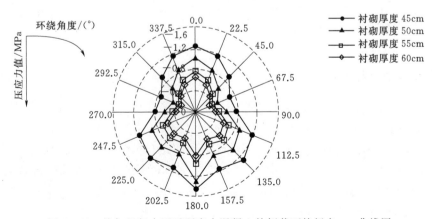

图 9-21 施加运行水压后预应力混凝土外侧截面特征点 σ_{min} 曲线图

图 9-22 和图 9-23，衬砌厚度对预应力衬砌承载能力没有太大影响；主要是因为用于抵抗内水压力的衬砌预应力最终来源于环锚张拉力，而衬砌厚度的变化主要影响到预应力分布形态。四种厚度条件下，衬砌结构整体受力均能满足要求。

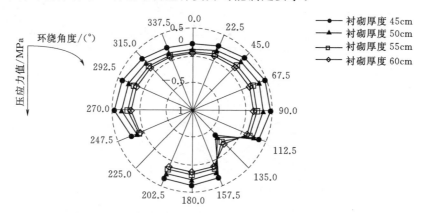

图 9-22　施加运行水压后预应力混凝土内侧截面特征点 σ_{max} 曲线图

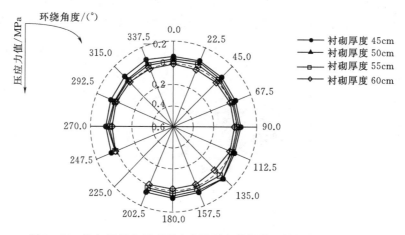

图 9-23　施加运行水压后预应力混凝土外侧截面特征点 σ_{max} 曲线图

9.5　环锚间距对环锚衬砌力学特性影响

9.5.1　环锚间距数值计算方案

无黏结预应力衬砌环锚结构是通过张拉环锚将环锚的环向拉力转换成衬砌混凝土的预应力，以抵抗隧洞内水作用于衬砌表面的径向应力。预应力环锚被张拉后，沿着环锚束中心线向外延展，衬砌预应力逐渐降低，因此，环锚间距对衬砌预应力效果有很大影响。选取环锚间距分别为 40cm、45cm、50cm、55cm 和 60cm 的预应力衬砌结构进行数值计算，对比分析环锚间距与衬砌预应力分布的关系，环锚为单层双圈缠绕。环锚间距计算模型的尺寸参数见表 9-10。

表 9-10 计算模型的尺寸参数

环锚间距/cm	衬砌厚度/cm	锚具槽尺寸（cm×cm×cm）	锚具槽位置
40	50	120×20×20	侧部±45°交叉
45	50	120×20×20	侧部±45°交叉
50	50	120×20×20	侧部±45°交叉
55	50	120×20×20	侧部±45°交叉
60	50	120×20×20	侧部±45°交叉

9.5.2 不同环锚间距的衬砌预应力效果

图 9-24 和图 9-25 是张拉后环锚中心截面特征点最小主应力沿缠绕角变化曲线图，

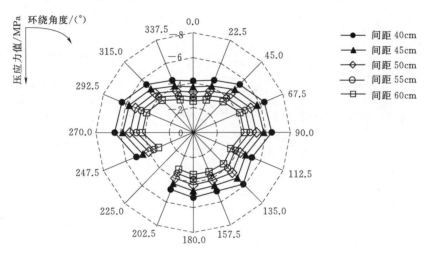

图 9-24 张拉后预应力混凝土内侧截面特征点 σ_{min} 曲线图

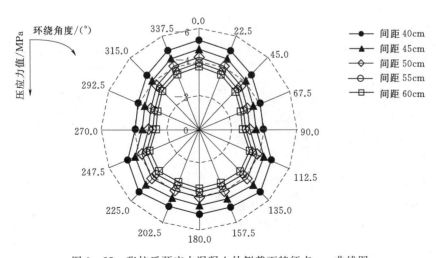

图 9-25 张拉后预应力混凝土外侧截面特征点 σ_{min} 曲线图

随着环锚间距增大，预应力值逐渐减小，环锚间距每增加 5cm，整体预应力减小 0.2～0.5MPa。环锚间距比较明显的改变了预应力值大小，但基本上不影响应力分布形态，内侧压应力最大值位于衬砌缠绕角 90°和 270°附近，衬砌内侧预应力最小值位于衬砌顶部，衬砌外侧预应力位于衬砌缠绕角 135°和 225°附近，衬砌外侧预应力最小值位于衬砌缠绕角 90°和 270°附近，整体来看，不同环锚间距的混凝土衬砌环锚张拉后，预应力均匀性一致。

当施加运行水压（0.60MPa）时，不同环锚间距的环锚中心截面特征点最小主应力沿缠绕角变化曲线图见图 9－26 和图 9－27，最大主应力沿缠绕角变化曲线图见图 9－28 和图 9－29，张拉后衬砌混凝土压应力减小，拉应力增大，受力不利的位置主要分布在锚具槽附近。因张拉后，环锚间距越小，预应力值越大，所以环锚间距越大，衬砌抵抗内水压力的能力越弱。环锚间距 60cm 时，衬砌整体受力较差，衬砌内部的预应力值已经比较小。

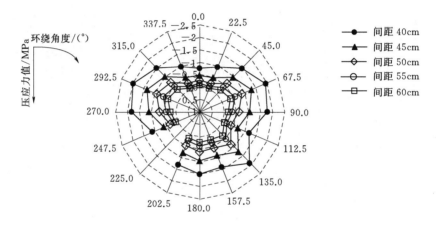

图 9－26　施加运行水压后预应力混凝土内侧截面特征点 σ_{min} 曲线图

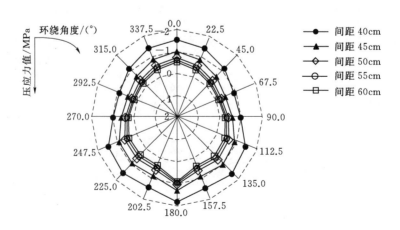

图 9－27　施加运行水压后预应力混凝土外侧截面特征点 σ_{min} 曲线图

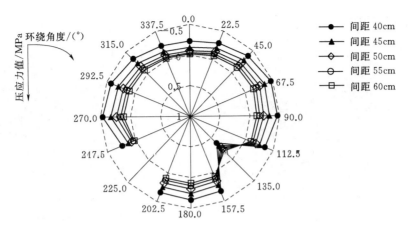

图 9-28 施加运行水压后预应力混凝土内侧截面特征点 σ_{max} 曲线图

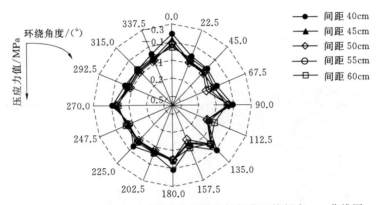

图 9-29 施加运行水压后预应力混凝土外侧截面特征点 σ_{max} 曲线图

9.6 隧洞洞型对环锚衬砌力学特性影响

9.6.1 隧洞洞型数值计算方案

因围岩尤其是泥岩砂岩下部超挖，有的断面已近似马蹄形。马蹄形预应力衬砌空间几何形状为左右对称，上下不对称分布，那么马蹄形隧洞衬砌力学特性与圆形衬砌明显不同，需要重点关注预应力整体效果、局部预应力集中以及环锚力学特性。开展圆形和马蹄形环锚衬砌对比分析，以明确隧洞洞型对环锚衬砌力学特性影响。隧洞洞型数值计算方案见表 9-11。

表 9-11		隧洞洞型数值计算方案		
方 案	洞型	环锚间距 cm	锚具槽布置方式	锚索缠绕方式
1	圆形衬砌	50	单排锚具槽	单层双圈
2	马蹄形衬砌	50	单排锚具槽	单层双圈
3	圆形衬砌	50	双排锚具槽	单层双圈
4	马蹄形衬砌	50	双排锚具槽	单层双圈

不同洞型开挖期围岩稳定与结构受力分析采用的数值计算模型见图9-30。

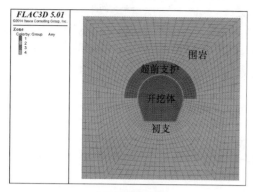

（a）马蹄形截面

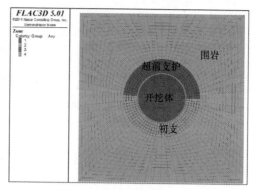

（b）圆形截面

图9-30 施工期隧洞开挖模型

圆形和马蹄形环锚衬砌预应力损失分布一致，张拉期和运行期不同隧洞洞型环锚衬砌和围岩模型如图9-31和图9-32所示。

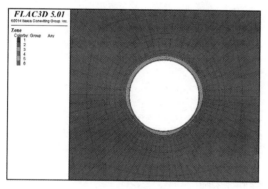

（a）整体模型

（b）衬砌模型

图9-31 圆形衬砌数值计算模型示意图

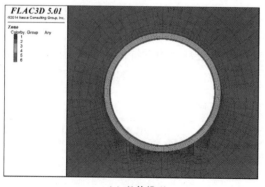

（a）整体模型

（b）衬砌模型

图9-32 马蹄形衬砌数值计算模型示意图

9.6.2 施工期围岩稳定与结构受力分析

对施工期马蹄形截面隧洞和圆形截面隧洞进行了三维数值计算，围岩变形规律见图9-33，衬砌最小主应力和最大主应力分布规律见图9-34和图9-35。圆形截面隧洞围岩稳定和支护结构受力明显较好，马蹄形截面隧洞在边墙脚存在明显的应力集中，最大压应力为4.31MPa，最大拉应力为0.17MPa，且边墙附近塑性区范围也明显较大。

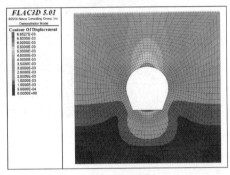
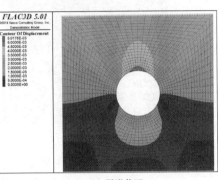

(a) 马蹄形截面 (b) 圆形截面

图9-33 围岩变形云图（单位：mm）

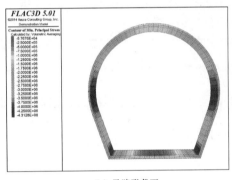
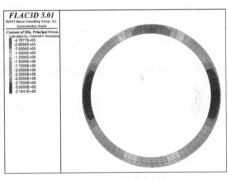

(a) 马蹄形截面 (b) 圆形截面

图9-34 衬砌最小主应力σ_{min}云图（单位：Pa）

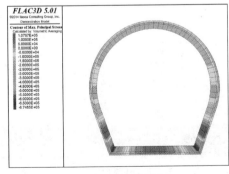
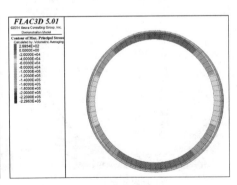

(a) 马蹄形截面 (b) 圆形截面

图9-35 衬砌最大主应力σ_{max}云图（单位：Pa）

图 9-36 表明，马蹄形截面隧洞的塑性区深度更大，主要分布在仰拱和边墙附近，最大塑性区开展深度是 1.25m（见表 9-12）。而圆形截面隧洞围岩初拱顶外，其他部位塑性区很浅，最大深度仅为 0.7m。

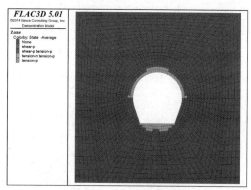

(a) 马蹄形截面　　　　　　　　(b) 圆形截面

图 9-36　围岩塑性区分布图

表 9-12　　　　　　　　　围岩稳定与支护结构受力对比分析

隧道形状	围岩变形/mm	初支最大压应力/MPa	初支最大拉应力/MPa	塑性区范围/m
马蹄形截面	6.65	4.31	0.17	1.25
圆形截面	5.01	3.16	无	0.7

9.6.3　张拉后环锚衬砌典型截面预应力效果

如图 9-37 和图 9-38 所示，锚索张拉后，马蹄形衬砌与圆形衬砌相比，上半部分的压应力值较为接近且分布均匀，主要为 4～6MPa；下半部分衬砌，由于马蹄形隧洞分担预应力的混凝土区域较大，整体预应力值比圆形衬砌小 10% 左右（约 0.5MPa）。在锚具

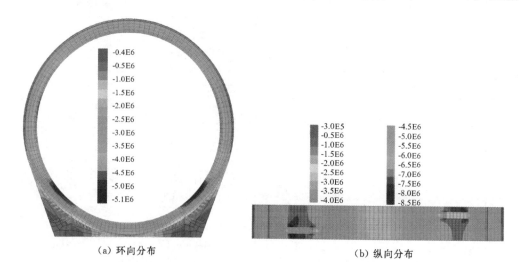

(a) 环向分布　　　　　　　　　　　(b) 纵向分布

图 9-37　马蹄形衬砌双排锚具槽方案预应力混凝土 σ_{min} 云图（单位：Pa）

槽之间的压应力较大区域，马蹄形衬砌的最大压应力为8.61MPa，圆形衬砌同一部位最大压应力为11.33MPa，马蹄形衬砌受力较好。

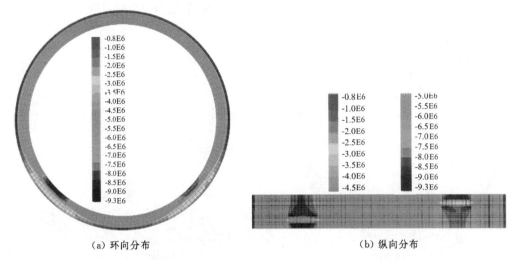

（a）环向分布 　　　　　　　　（b）纵向分布

图9-38　圆形衬砌双排锚具槽方案预应力混凝土$\sigma_{\min}$云图（单位：Pa）

不同锚具槽布置方式的两种马蹄形衬砌的结构受力差别主要体现在分布均性上。双排锚具槽布置时，压应力不均匀分布的范围会变大，在衬砌左右两侧45°范围内均呈现出典型的应力不均匀区。单排锚具槽布置时，因锚具槽间距更小，在相邻锚具槽之间部位的混凝土衬砌受力明显更大，局部应力分布不均匀特征更显著，这对预应力衬砌的受力是不利的。此外，两种锚具槽布置方案下锚具槽附近因锚索张拉产生拉应力区差别不大。

9.6.4　运行水压条件下环锚衬砌承载能力

施加内水压力后预应力混凝土最小主应力分布规律见图9-39和图9-40，马蹄形衬砌和圆形衬砌相比，上半部分衬砌受力差别不大，压应力处于1.5MPa左右。马蹄形衬砌下半部分的受力状态略好，主要体现在：一方面，相邻锚具槽之间，马蹄形衬砌的受力更均匀，

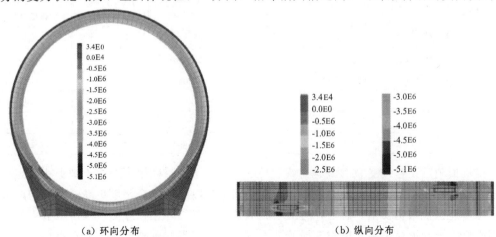

（a）环向分布 　　　　　　　　（b）纵向分布

图9-39　马蹄形衬砌双排锚具槽方案预应力混凝土$\sigma_{\min}$云图（单位：Pa）

区域应力差较小，单排方案条件下，马蹄形压应力最值 5.7MPa，圆形衬砌压应力最值为 7.16MPa；另一方面，马蹄形衬砌锚具槽背后压应力相对较大，能够有效的遏制衬砌拉应力区的贯穿，有利于衬砌结构安全。总体而言，马蹄形衬砌的结构受力比圆形要好。

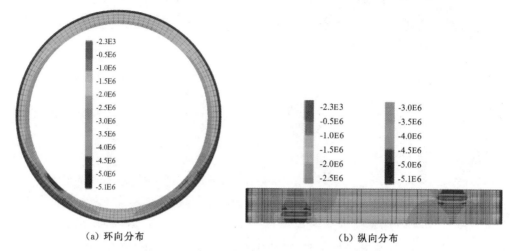

（a）环向分布　　　　　　　　　　　　　　（b）纵向分布

图 9-40　圆形衬砌双排锚具槽方案预应力混凝土 $\sigma_{\min}$ 云图（单位：Pa）

9.6.5　不同隧洞洞型的环锚衬砌力学特性对比

不同隧洞洞型环锚衬砌力学特性对比结果见表 9-13，马蹄形衬砌与圆形衬砌预应力效果差别并不大，而施加运行内水压力后，马蹄形衬砌在锚具槽部位应力分布较圆形更好。马蹄形衬砌下部锚具槽部位用的混凝土量多，张拉期后，能改善该部位的受力，更有利于结构安全。施加内水压力后，抵抗内水的能力最终来源于预应力锚索，两种断面形式下，预应力锚索并无区别，因而两种衬砌抵抗内水压力的能力并无差别。

表 9-13　　　　　　不同隧洞洞型的环锚衬砌力学特性对比（压为负）

计算工况	分布位置	计算结果	马蹄形衬砌单排锚具槽	圆形衬砌单排锚具槽	马蹄形衬砌双排锚具槽	圆形衬砌双排锚具槽
锚索张拉	衬砌整体	压应力/MPa	−3.5～−5.4	−3.5～−6.0	−3.0～−5.5	−3.5～−6.0
	锚具槽附近	压应力最大值/MPa	−8.61	−11.13	−8.77	−9.31
	锚具槽附近	拉应力最大值/MPa	1.15	1.52	0.95	1.35
	衬砌变形	最大值/mm	2.44	1.60	2.74	2.45
施加内水压力	衬砌整体	压应力/MPa	−1.5～−2.1	−1.5～−2.0	−1.8～−2.5	−1.5～−2.3
	锚具槽附近	受力状态	满足要求	满足要求	满足要求	满足要求

锚具槽附近是衬砌受力的薄弱区域，马蹄形衬砌下部衬砌厚度要大于圆形衬砌，锚具槽刚好布置在下部衬砌厚度较厚区域，因而马蹄形衬砌结构安全裕度更高一些，但两者受力状态均能保证结构安全。总之，隧洞断面形状对无黏结环锚预应力衬砌承载能力的影响并不明显，马蹄形衬砌锚具槽附近局部受力较好，但圆形衬砌整体应力分布更均匀，考虑到马蹄形衬砌需要大量增加混凝土的用量，圆形衬砌性价比更高。

第 10 章　环锚衬砌锚具槽微膨胀混凝土回填试验研究

10.1　引言

锚具槽是预应力环锚结构的重要组成部分，作为锚头的保护层，锚具槽的密实填充是保障预应力锚索长期耐久性和正常工作的前提条件。目前，因锚具槽位置架立混凝土模板困难，锚具槽通常使用干硬性微膨胀混凝土填充，而锚具槽内锚索密集、充填间隙小，国内已有工程出现锚具槽充填混凝土振捣不密实或开裂脱空，致使锚索端部出现漏油的现象。锚具槽密封性受到破坏后，外部介质从开裂脱空部位进入槽内对锚头造成腐蚀，并可进一步侵蚀预应力筋，造成预应力降低，严重的会造成应力腐蚀破坏而影响结构安全。

为解决锚具槽密封问题，通过室内试验研究和现场填充试验，提出施工推荐混凝土配合比、施工工艺和方法，最终形成锚具槽填充微膨胀自密实混凝土成套技术用于锚具槽的回填密封，利用混凝土的自流平特性实现狭小空间的密实填充，利用微膨胀特性改变混凝土硬化过程中的收缩特性，以期大幅度提高锚具槽整体密封性，解决无黏结预应力衬砌的安全耐久性问题。

10.2　微膨胀自密实混凝土室内配合比试验

10.2.1　试验内容

微膨胀自密实混凝土室内试验研究主要内容包括：

（1）原材料性能检测，掌握工程拟选用原材料基本特性，为混凝土配制提供基础数据。

（2）混凝土配合比优选，首先，试验确定混凝土用水量、砂率、水胶比、外加剂掺量等基本配合比参数；其次，考虑不同膨胀剂及不同掺量，进行限制膨胀率试验，提出混凝土试验配合比。

（3）混凝土全面性能试验，针对试验配合比进行混凝土施工性能、力学性能、膨胀性和耐久性试验，掌握混凝土各项性能。

10.2.2　原材料试验

10.2.2.1　水泥

采用抚顺水泥股份有限公司生产的 P.MH42.5 中热硅酸盐水泥（以下简称"抚顺中热水泥"）。水泥品质检测执行《中热硅酸盐水泥 低热硅酸盐水泥 低热矿渣硅酸盐水泥》

（GB 200—2003），检测结果见表 10-1，化学成分检测结果见表 10-2。

表 10-1　　　　　　　　　　抚顺中热水泥的品质检测结果

检测项目	密度 /(g/cm³)	细度 /%	比表面积 /(m²/kg)	安定性	标准稠度 /%	凝结时间	
						初凝	终凝
抚顺中热水泥	3.25	0.76	360	合格	25.2	3h26min	4h42min
GB 200—2003	—	≤12	≥250	合格	—	≥60min	≤12h

检测项目	抗压强度/MPa				抗折强度/MPa				水化热/(kJ/kg)	
	3d	7d	28d	90d	3d	7d	28d	90d	3d	7d
抚顺中热水泥	17.1	30.9	54.4	62.7	3.7	6.0	8.1	8.5	231	279
GB 200—2003	≥12.0	≥22.0	≥42.5	—	≥3.0	≥4.5	≥6.5	—	≤251	≤293

表 10-2　　　　　　　　　抚顺中热水泥的化学成分检测结果

化学成分	SiO_2	Al_2O_3	Fe_2O_3	CaO	MgO	SO_3	$f-CaO$	碱含量	Loss
抚顺中热水泥/%	21.6	4.19	4.48	62.1	3.4	1.66	0.62	0.50	0.86
GB 200—2003/%	—	—	—	—	≤5.0	≤3.5	≤1.0	≤0.6	≤3.0

10.2.2.2　粉煤灰

采用宣威Ⅰ级粉煤灰，粉煤灰的品质检测执行《用于水泥和混凝土中粉煤灰》（GB/T 1596—2005），检测结果见表 10-3，粉煤灰的化学成分检测结果见表 10-4。

表 10-3　　　　　　　　　　宣威粉煤灰的品质检测结果

检　测　项　目	宣威粉煤灰	GB/T 1596—2005		
		Ⅰ级	Ⅱ级	Ⅲ级
细度（45μm 筛筛余）/%	6.4	≤12	≤25	≤45
烧失量/%	4.02	≤5	≤8	≤15
需水量比/%	94.0	≤95	≤105	≤115
三氧化硫/%	0.35	≤3		
表观密度/(g/cm³)	2.20	—		

表 10-4　　　　　　　　　宣威粉煤灰的化学成分检测结果

化学成分	SiO_2	Al_2O_3	Fe_2O_3	CaO	MgO	SO_3	$f-CaO$	碱含量	Loss
宣威粉煤灰/%	61.2	23.54	3.19	3.06	0.94	0.28	0.25	1.91	2.96

10.2.2.3　膨胀剂

选用天津豹鸣股份有限公司生产的膨胀剂和唐山北极熊特种水泥有限公司生产的膨胀剂。膨胀剂的化学成分检测结果列于表 10-5。膨胀剂的品质检测执行《混凝土膨胀剂》（GB 23439—2009），采用基准水泥，检测结果列于表 10-6。

表 10-5　　　　　　　　　　膨胀剂的化学成分检测结果

化学成分	SiO_2	Al_2O_3	Fe_2O_3	CaO	MgO	SO_3	$f-CaO$	Loss
豹鸣膨胀剂/%	10.70	3.72	1.19	52.45	3.28	26.68	22.90	11.87
北极熊膨胀剂/%	4.51	11.98	0.85	53.50	2.34	30.82	18.82	3.69

10.2.2.4 减水剂和引气剂

采用江苏博特新材料有限公司生产的 JM-PCA 高性能减水剂和 JM-2000 引气剂。外加剂的品质检测执行《混凝土外加剂》(GB 8076—2008)，采用抚顺中热水泥，检测结果列于表 10-7。

表 10-6   膨胀剂的品质检测结果

检测项目		豹鸣膨胀剂	北极能膨胀剂	GB 23439—2009	
				Ⅰ型	Ⅱ型
氧化镁/%		3.28	2.34	≤5.0	
细度	比表面积/(m²/kg)	250	237	≥200	
	1.18mm 筛筛余/%	0.3	0.4	≤0.5	
凝结时间 /min	初凝	150	170	≥45	
	终凝	220	250	≤600	
限制膨胀率 /%	水中 7d	0.055	0.060	≥0.025	≥0.050
	空气中 21d	0.002	0.009	≥-0.020	≥-0.010
抗压强度 /MPa	7d	24.0	22.6	≥20.0	
	28d	51.6	50.9	≥40.0	

表 10-7   外加剂检测结果

检测项目		JM-PCA	GB 8076—2008 高性能减水剂 标准型 HPWR-S	JM-2000	GB 8076—2008 引气剂 AE
掺量/%		0.70	—	0.004	—
固含量/%		36	—	34	—
减水率/%		26.6	≥25	8.2	≥6
泌水率比/%		10	≤60	60	≤70
含气量/%		1.8	<6.0	3.8	≥3.0
凝结时间之差 /min	初凝	+90	−90~+120	+55	−90~+120
	终凝	+110		+50	
1h 经时变化量	坍落度/mm	10	≤80	—	—
	含气量/%	—	—	−1.0	−1.5~+1.5
抗压强度比 /%	1d	200	≥170	—	—
	3d	239	≥160	99	≥95
	7d	244	≥150	103	≥95
	28d	196	≥140	100	≥90
28d 收缩率比/%		95	≤110	105	≤135
相对耐久性（200 次）/%		—	—	95	≥80

10.2.2.5 骨料

砂石骨料采用引松工程预应力衬砌 4 标段的河砂、小石（灰岩）和 2 标段的人工砂、小石（花岗岩）。考虑到锚具槽内锚索较多，骨料过大可能造成堵塞，影响填充质量。试验前将小石过筛成 5～15mm 粒径。另外河砂和人工砂中豆石较多，使用前过 5mm 筛。4 标段河砂和 2 标段人工砂的筛分试验结果见表 10-8，筛分曲线如图 10-1 所示。从试验结果看，两种砂子细度模数均大于 3.0。砂石骨料的品质检测结果见表 10-9。

表 10-8　　　　　　　　　　　　细骨料的筛分试验结果

筛孔尺寸/mm		5.0	2.5	1.25	0.63	0.315	0.16	筛底
累计筛余率/%	4 标河砂	1.4	27.0	50.8	70.7	92.9	97.6	100
	2 标人工砂	1.0	28.4	49.0	63.2	49.0	87.9	100

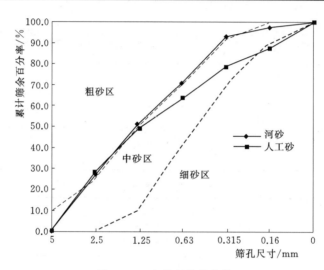

图 10-1　细骨料筛分曲线

表 10-9　　　　　　　　　　　　砂石骨料的品质检测结果

项　目	细　骨　料			粗　骨　料		
	4 标河砂	2 标人工砂	SL 677—2014	4 标碎石	2 标碎石	SL 677—2014
细度模数	3.07	—	2.2～3.0（天然砂）	—	—	—
	—	3.06	2.4～2.8（人工砂）	—	—	—
饱和面干表观密度 /(kg/m³)	2570	2570	≥2500	2610	2600	≥2550
饱和面干吸水率/%	1.49	1.86	—	0.79	0.86	≤1.5（有抗冻要求）
堆积密度/(kg/m³)	1440	1470		1350	1380	
紧密堆积密度 /(kg/m³)	—	—		1600	1630	
含泥量/%	1.2	—	≤3（有抗冻要求）	0.14	0.84	≤1（有抗冻要求）
0.16mm 及以下 颗粒含量/%	—	12.4	6～18	—	—	—
泥块含量/%	0	0	不允许	0	0	不允许

项　目	细　骨　料			粗　骨　料		
	4 标河砂	2 标人工砂	SL 677—2014	4 标碎石	2 标碎石	SL 677—2014
压碎指标/%	—	—	—	3.4（灰岩）	—	≤10（沉积岩）
				—	11.1（花岗岩）	≤13（岩浆岩）
坚固性/%	7 6	6.3	≤8（有抗冻要求）	0.3	1.9	≤5（有抗冻要求）
云母含量/%	0.02	0	≤2	—	—	—
针片状颗粒含量/%	—	—	—	2.9	12.7	≤15（≥30MPa 和有抗冻要求）
超径/%	—	—	—	0	0	0（超逊径筛）
逊径/%	—	—	—	0.1	0.3	≤2（超逊径筛）

10.2.3　混凝土配合比试验

10.2.3.1　混凝土配制强度

混凝土配制强度按《水工混凝土施工规范》（SL 677—2014）中相关规定计算：

$$f_{cu,0}=f_{cu,k}+t\sigma \tag{10-1}$$

式中：$f_{cu,0}$ 为混凝土的配制强度，MPa；$f_{cu,k}$ 为混凝土设计龄期的立方体抗压强度标准值，MPa；t 为概率度系数，依据保证率 P 选定，$P=95\%$ 时，$t=1.645$；σ 为混凝土抗压强度标准差，MPa，可按表 10-10 选用。

本试验 C40 混凝土的配制强度计算结果为 48.2MPa。

表 10-10　　　　　　　**标准差 σ 选用值（SL 677 表 6.0.12）**

混凝土强度标准值	≤15	20、25	30、35	40、45	≥50
σ/MPa	3.5	4.0	4.5	5.0	5.5

10.2.3.2　配合比参数优选

为了便于浇筑且填充密实，要求混凝土拌和物具有微膨胀和自密实特性，T500 时间控制为 8～10s，坍落扩展度控制为 550～650mm，限制膨胀率控制为 0～0.01%（水中 28d）。考虑到耐久性，按照 F100 的抗冻要求，混凝土拌和物含气量控制为 2.5%～3.5%。混凝土配合比计算采用绝对体积法，砂石骨料均以饱和面干状态为基准。

根据工程设计要求和实际情况，优选试验方案见表 10-11。优选试验时混凝土性能试验项目包括：T500 时间、坍落扩展度、V 漏斗通过时间、含气量、抗压强度（3d、7d、28d）、劈裂抗拉强度（3d、7d、28d）、限制膨胀率（水中 28d）。经过试拌，确定配合比试验方案见表 10-11，拌和物性能见表 10-12，混凝土强度与限制膨胀率结果见表 10-13。膨胀混凝土的强度试件用铁模成型，带试模养护到龄期后拆模；限制膨胀率试件也用铁模成型，两天后拆模测初长，然后放入标准养护室水中养护至 28d。

17 组配合比的 T500 时间控制为 8～10s，坍落扩展度控制为 550～650mm，限制膨胀

表 10—11　混凝土配合比试配方案

| 序号 | 配合比编号 | 水胶比 | 胶材总量/(kg/m³) | 粉煤灰掺量/% | 减水剂掺量/% | 引气剂掺量/% | 砂率/% | 原材料用量/(kg/m³) | | | | | | | |
								水	水泥	粉煤灰	膨胀剂	砂	石	减水剂	引气剂
1	JS－W36	0.36	583	25	1.0	0.0040	54.8	210	437.5	145.8	0	818	675	5.83	0.023
2	JS－W40	0.40	533	25	1.0	0.0040	55.4	213	399.4	133.1	0	838	675	5.33	0.021
3	JS－W44	0.44	480	25	1.0	0.0040	56.1	211	359.7	119.9	0	863	675	4.80	0.019
4	JS－F20	0.40	545	20	1.0	0.0040	55.2	218	436.0	109.0	0	832	675	5.45	0.022
5	JS－F30	0.40	525	30	1.0	0.0040	55.3	210	367.5	157.5	0	835	675	5.25	0.021
6	JP－U15	0.40	480	25	0.8	0.0040	57.3	192	348.8	116.3	15	906	675	4.80	0.022
7	JP－U20	0.40	475	25	0.8	0.0040	56.8	190	341.3	113.8	20	888	675	4.75	0.024
8	JP－U30	0.40	500	25	0.8	0.0040	56.7	200	352.5	117.5	30	884	675	4.00	0.020
9	JP－W36	0.36	569	25	0.8	0.0040	55.5	205	412.1	137.4	20	842	675	4.56	0.023
10	JP－W44	0.44	466	25	0.8	0.0040	57.2	205	334.4	111.5	20	902	675	3.73	0.005
11	JP－F20	0.40	500	20	0.8	0.0040	56.0	200	384.0	96.0	20	859	675	4.00	0.005
12	JP－F30	0.40	513	30	0.8	0.0040	55.0	205	344.8	147.8	20	825	675	4.10	0.031
13	JP－C30	0.40	500	25	0.9	0.0120	56.0	200	352.5	117.5	30	859	675	4.50	0.060
14	JG－C15	0.40	513	25	2.0	0.0350	54.0	205	373.1	124.4	15	810	690	10.25	0.179
15	JG－C20	0.40	525	25	2.0	0.0400	54.0	210	378.8	126.3	20	810	690	10.50	0.210
16	JG－C30	0.40	525	25	1.9	0.0450	54.0	210	371.3	123.8	30	810	690	9.98	0.236
17	JG－U30	0.40	520	25	1.9	0.0450	54.0	208	367.5	122.5	30	810	690	9.88	0.234

率控制为 0～0.01％（水中 28d），混凝土拌和物含气量控制为 2.5％～3.5％，均能满足要求。对试验结果进行分析，确定混凝土配合比最优水胶比 0.40，粉煤灰掺量 25％，膨胀剂用量 30kg/m³。两种不同骨料所配制的混凝土配合比中减水剂和引气剂掺量差别较大，4 标段骨料的减水剂掺量为 0.8％～1.0％，引气剂掺量为 0.4/万；2 标段骨料的减水剂掺量为 1.9％～2.0％，引气剂掺量为 3.5/万～4.5/万。

表 10-12　　　　　　　　　　　　　混凝土拌和物性能

序号	配合比编号	T500 时间/s	坍扩度/mm	V 漏斗通过时间/s	含气量/％	容重/(kg/m³)
1	JS-W36	9	560	38	3.3	2305
2	JS-W40	6	650	27	3.2	2277
3	JS-W44	5	640	32	2.7	2289
4	JS-F20	6	650	33	2.6	2311
5	JS-F30	8	620	35	3.4	2267
6	JP-U15	8	650	24	2.8	2289
7	JP-U20	7	650	23	3.3	2285
8	JP-U30	6	650	24	3.5	2283
9	JP-W36	8	650	25	3.0	2300
10	JP-W44	6	650	32	3.0	2289
11	JP-F20	6	600	35	3.2	2306
12	JP-F30	5	670	24	2.6	2284
13	JP-C30	8	570	34	3.0	2300
14	JG-C15	8	650	27	2.5	2299
15	JG-C20	9	650	28	2.5	2297
16	JG-C30	5	650	27	2.8	2294
17	JG-U30	7	650	27	3.1	2273

表 10-13　　　　　　　　　　　　　混凝土强度与限制膨胀率

序号	配合比编号	抗压强度/MPa			劈裂抗拉强度/MPa			28d 限制膨胀率/10⁻⁶
		3d	7d	28d	3d	7d	28d	
1	JS-W36	25.0	41.8	57.5	1.51	2.20	3.23	—
2	JS-W40	20.2	35.0	54.8	1.44	2.12	3.05	-116
3	JS-W44	18.2	31.7	52.0	1.21	2.07	2.32	—
4	JS-F20	21.0	36.0	55.2	1.52	2.17	3.09	—
5	JS-F30	18.9	34.0	44.5	1.26	2.06	3.02	—
6	JP-U15	21.9	36.1	49.9	0.89	1.95	3.01	-40
7	JP-U20	23.1	37.3	52.5	1.10	2.15	3.02	-13
8	JP-U30	23.5	37.6	54.6	1.02	2.12	2.82	58

续表

序号	配合比编号	抗压强度/MPa			劈裂抗拉强度/MPa			28d 限制膨胀率/10⁻⁶
		3d	7d	28d	3d	7d	28d	
9	JP-W36	28.2	41.3	56.8	1.57	2.56	3.36	−49
10	JP-W44	19.8	34.8	45.0	1.03	1.93	2.72	−10
11	JP-F20	21.0	36.0	55.2	1.52	2.17	3.09	−61
12	JP-F30	18.9	34.0	44.5	1.26	2.06	3.02	41
13	JP-C30	23.5	38.6	56.3	1.58	2.24	3.31	87
14	JG-C15	18.1	37.0	53.7	1.30	2.19	3.16	−1
15	JG-C20	18.2	38.0	55.3	1.28	2.18	3.37	41
16	JG-C30	19.5	38.9	56.0	1.20	2.14	3.20	66
17	JG-U30	17.7	36.6	53.2	1.11	2.08	2.94	138

10.2.3.3　混凝土性能室内试验

按照确定的最优水胶比 0.40，粉煤灰掺量 25%，膨胀剂用量 30kg/m³，选用北极熊膨胀剂和 2 标段骨料，进行混凝土性能试验，试验方法按照《水工混凝土试验规程》（SL 352—2006）进行。性能试验混凝土配合比见表 10-14。混凝土性能试验结果见表 10-15、表 10-16 和图 10-2～图 10-4。微膨胀自密实混凝土的抗渗试验按逐级加压法进行，最大水压力 1.1MPa 时未透水，平均渗透高度 1.9cm，所以混凝土的抗渗等级大于 W11。抗渗试件也用铁模成型，并带试模养护。

表 10-14　　　　　　　　　微膨胀自密实混凝土性能试验配合比

编号	水胶比	粉煤灰/%	砂率/%	减水剂/%	引气剂/(1/万)	原材料用量/(kg/m³)							
						水	水泥	粉煤灰	膨胀剂	砂	小石	减水剂	引气剂
JXN	0.40	25	54	1.9	4.5	210	371	124	30	810	690	9.98	0.24

表 10-15　　　　　　　　微膨胀自密实混凝土拌和物性能试验结果

配合比编号	T500 时间/s	坍落扩展度/mm	V 漏斗通过时间/s	含气量/%	容重/(kg/m³)	初凝时间	终凝时间
JXN	8	660	36	3.2	2270	9h40min	14h30min

表 10-16　　　　　　　　　微膨胀自密实混凝土性能试验结果

龄期/d	抗压强度/MPa	劈拉强度/MPa	抗弯强度/MPa	轴压弹模/GPa
3	21.6	1.54	3.25	14.1
7	39.6	2.25	4.49	18.2
28	53.6	3.42	4.77	20.5
90	58.1	3.70	4.92	21.8

注　以上试件均用铁模成型，并带模养护到测试龄期。

微膨胀自密实混凝土的限制膨胀率曲线见图 10-2。北极熊膨胀剂在 7d 左右完全反应，限制膨胀率达到最大 89×10^{-6}，其后由于水泥继续水化的化学减缩作用，混凝土限制膨胀率略降低，20d 后基本保持稳定。

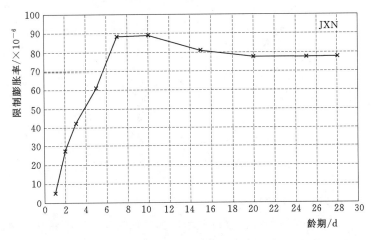

图 10-2 微膨胀自密实混凝土的限制膨胀率曲线

微膨胀自密实混凝土的自生体积变形曲线见图 10-3。到 50d 测长龄期时，混凝土的自生体积变形已基本稳定，最终自变值为 65×10^{-6}，表明与外界无水分交换的情况下混凝土为膨胀型。限制膨胀率是在一直泡水的条件下进行试验，自生体积变形试件在成型后立即密封，二者均在标准温度下养护。

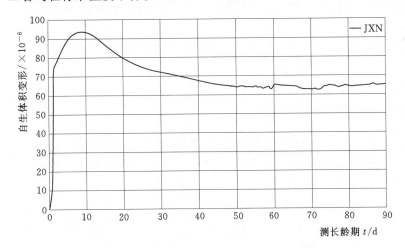

图 10-3 微膨胀自密实混凝土的自生体积变形曲线

微膨胀自密实混凝土的干缩变形曲线见图 10-4。90d 干缩率为 -570×10^{-6}，比一般混凝土大，这与胶凝材料用量较多和掺膨胀剂有关。因此，对掺膨胀剂混凝土一定要加强保湿养护。当然，干缩试验的环境条件比实际情况要严酷，标准养护 2d 后拆模放入（20±2）℃、相对湿度 60%±5% 的环境中进行试验。现场施工时混凝土不可能浇筑 2d 后就开始干燥失水收缩。

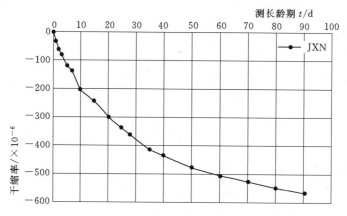

图 10-4　微膨胀自密实混凝土的干缩曲线

10.2.3.4　混凝土室内配合比试验结果

室内试验的原材料中水泥和骨料取自现场，其他如粉煤灰、膨胀剂、减水剂和引气剂均为自选，室内试验所得的规律性成果如下：

（1）施工配合比设计时的最优水胶比 0.40（用 I 级粉煤灰），粉煤灰最大掺量 25%，膨胀剂最少用量 30kg/m³。推荐的混凝土配合比设计参数见表 10-17。

（2）施工配合比应控制拌和物性能：T500 时间 8~10s，坍落扩展度 550~650mm，含气量 2.5%~3.5%。如不具备条件，应做倒坍落度筒试验，排空时间应不大于 10s。

（3）减水剂和引气剂掺量应根据现场试拌情况进行调整，应使得混凝土拌和物性能满足第（2）条所述要求。

（4）采用 2 标段骨料时不建议使用豹鸣膨胀剂，因为后期持续膨胀量过大，可能存在异常膨胀。

（5）应加强微膨胀自密实混凝土的保湿养护，并尽可能延长保湿养护的时间，以利于膨胀剂性能的发挥，提高填充可靠性。

表 10-17　　　　　　　　　微膨胀自密实混凝土的推荐配合比设计参数

骨料种类	水胶比	胶材总量/(kg/m³)	粉煤灰掺量/%	减水剂掺量/%	引气剂掺量/%	砂率/%	原材料用量/(kg/m³)								容重/(kg/m³)
							水	水泥	粉煤灰	膨胀剂	砂	石	减水剂	引气剂	
4 标河砂、灰岩小石 5~15mm	0.40	500	25	0.90	0.004	56	200	352.5	117.5	30	859	675	4.50	0.06	2239
2 标段花岗岩人工砂、花岗岩小石 5~15mm	0.40	525	25	1.90	0.045	54	210	371.3	123.8	30	810	690	9.98	0.24	2245

注　如选用花岗岩骨料建议选用北极熊膨胀剂（CSA），豹鸣膨胀剂（UEA）对花岗岩骨料有异常膨胀；如选用河砂与灰岩小石，两种膨胀剂均可用。

10.3 微膨胀混凝土回填现场试验

10.3.1 试验内容

微膨胀混凝土回填现场试验研究主要内容包括：

（1）环锚衬砌模型锚具槽填充试验，现场配制微膨胀自密实混凝土，填充锚具槽模型，进行锚具槽填充混凝土施工全过程演练，具体包括模板支护、混凝土搅拌、运输、浇筑、养护、变形性能监测等，为实体锚具槽填充提供借鉴。

（2）环锚衬砌原位锚具槽填充试验，在模型填充试验成果基础上，进行 0°和 45°角布置的锚具槽填充试验，观测微膨胀混凝土的填充效果和膨胀特性，从混凝土施工适应性的角度对比分析两种位置布置锚具槽的优劣性。

（3）根据试验结果提出锚具槽填充用微膨胀自密实混凝土配制及应用技术要求。

10.3.2 环锚衬砌模型锚具槽填充试验

10.3.2.1 环锚衬砌模型与试验条件

锚具槽模型是在一个模拟圆形洞室衬砌底部的混凝土基础上，共布置 3 个锚具槽，其中 2 个锚具槽内完成了锚索的张拉锁定，见图 10-5。锚具槽采取水平布置，即混凝土衬砌底部 0°角位置，设计尺寸为，长 1200mm、宽 200mm、中间深 200mm、两端深 250mm。锚具槽内部及内壁未作凿毛处理，只进行了碎屑和杂质清理。

<table>
<tr><td>（a）整体模型</td><td>（b）局部模型</td></tr>
</table>

图 10-5 锚具槽模型及现场试验条件

锚具槽模型填充试验的时间已进入冬季，为满足冬季施工要求，在隧洞内临时搭设彩钢板房以满足温度要求，室内气温 10℃，室外温度约 −5℃，混凝土基础与隧洞的底板接触。

10.3.2.2 试验原材料和混凝土配合比

水泥：冀东 42.5 普通硅酸盐水泥；粉煤灰：Ⅰ级粉煤灰；膨胀剂：硫铝酸盐类 1 型；减水剂：聚羧酸高性能减水剂；细骨料：天然砂，饱和面干密度 2595kg/m³；粗骨料：人工花岗岩骨料，骨料粒径 5~20mm，饱和面干密度 2620kg/m³；拌和水：洞内渗水。

微膨胀自密实混凝土现场试验配合比见表 10-18。混凝土拌和物状态如图 10-6 所示，扩展度为 650mm。

混凝土 150mm 立方体试件为现场养护，在 10℃的临时房内洒水养护 28d，实测抗压强度为 36.8MPa。

表 10-18 微膨胀自密实混凝土现场试验配合比

序号	水胶比	胶材总量 /(kg/m³)	粉煤灰掺量 /%	砂率 /%	减水剂掺量 /%	原材料用量/(kg/m³)						
						水	水泥	粉煤灰	膨胀剂	砂	小石	减水剂
1	0.34	556.5	25	55	1.3	190	394	131	31.5	823	682	7.23

10.3.2.3 混凝土浇筑

试验用水泥、砂石从室外运抵 10℃室内 3~5h 后，开始拌和混凝土。混凝土拌和在室外采用强制式搅拌机加热水拌和，如图 10-7 (b)所示。搅拌 3min 后，用盛料斗接料、人工灌注，自流填充槽内，如图 10-7 (c)、(d)所示。混凝土浇筑硬化后开始洒水养护，5d 后拆除模板，用棉被覆盖洒水养护，如图 10-7 (e)、(f)所示。

图 10-6 微膨胀自密实混凝土现场实验室拌和物状态

10.3.2.4 填充密实性

从新拌混凝土黏聚性、流动性、施工和易性以及浇筑情况看，试验混凝土具有良好的填充性能，通过自流能够完全充填满锚具槽。浇筑 5d 后拆模，洒水养护 28d+终止养护 30d 后，填充混凝土未出现开裂情况，新老混凝土交界面结合良好，未出现开裂，如图 10-8 所示。

为进一步观察新老混凝土的黏结情况，对 3 号锚具槽进行钻芯。取芯位置、芯样照片如图 10-9 所示。从芯样外观看，新老混凝土黏结面黏结情况良好。

10.3.2.5 混凝土微膨胀性

试验采用的膨胀剂为硫铝酸盐类，此类膨胀剂通过水化生成硫铝酸钙，产生体积膨胀，主要发生在水化初期，一般膨胀反应在 3~10d 内完成。根据埋设槽内的差动式应变计（长 250mm），得到的混凝土变形性能监测曲线（图 10-10）可知，水化 10d 前，混凝土一直为膨胀型，最大膨胀率 10 个微应变，10d 后混凝土自生体积变形开始收缩，至 28d 龄期，自生体积变形为 $-16 \times 10^{-6} m^3$，基本趋于稳定，混凝土呈现先膨胀后收缩趋势。

10.3.2.6 环锚衬砌模型填充试验结果

根据现场模型试验，采用的微膨胀自密实混凝土具有良好的施工性能和填充性，能够密实填充锚具槽模型，芯样结果表明新老混凝土界面黏结良好。现场监测混凝土的最大膨

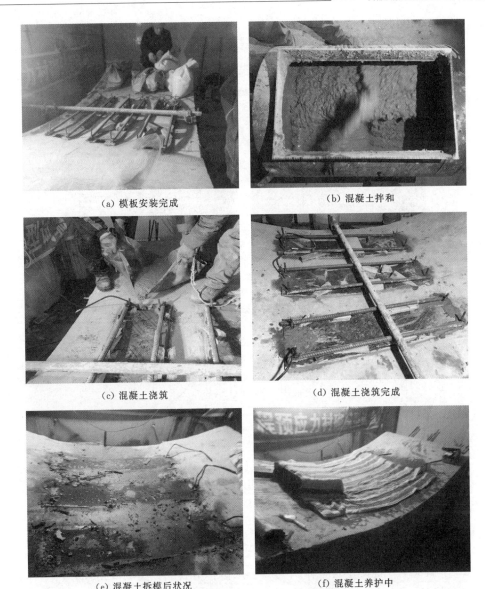

（a）模板安装完成　　　　　　　　（b）混凝土拌和

（c）混凝土浇筑　　　　　　　　　（d）混凝土浇筑完成

（e）混凝土拆模后状况　　　　　　（f）混凝土养护中

图 10-7　锚具槽模型填充试验过程照片

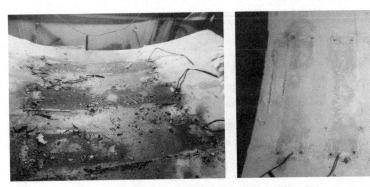

图 10-8　锚具槽模型填充效果照片

图 10-9　新老混凝土黏结面黏结情况

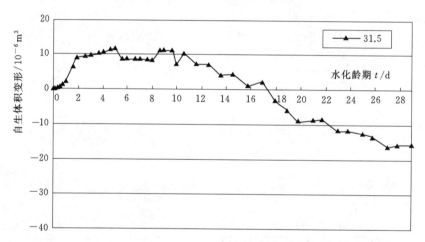

图 10-10　模型试验微膨胀自密实混凝土的自生体积变形现场监测曲线

胀量为 10 个微应变，混凝土自生体积变形呈先膨胀后收缩，至 28d 龄期，自生体积变形值为 $-16 \times 10^{-6} \mathrm{m}^3$，基本趋于稳定。

与室内试验相比，混凝土膨胀性有所下降，主要原因有：

（1）现场温度低。锚具槽所在简易房的温度只有 10℃，室外温度为 -5℃，模型与隧洞底板接触，温度已低于 0℃；原材料从室外运入简易房内存放 3h 后开始成型混凝土，温度较低。

（2）原材料变化。与室内试验相比，水泥由原来的中热硅酸水泥改用普通硅酸盐水泥，普硅水泥中的矿渣和石灰石粉不利于混凝土的膨胀性，通常增加混凝土的收缩。

（3）混凝土早期强度低，室内试验混凝土 7d 强度 39.6MPa；模型试验混凝土 28d 强度为 36.8MPa，早期强度低，膨胀剂的膨胀作用得不到充分发挥。

锚具槽模拟位置在混凝土衬砌底部的 0°角，水平放置。在混凝土拌和浇筑过程中引入的气泡不容易排出，混凝土表层部分有麻面。

综上所述，洞内正式施工时应注意：

（1）严格模拟锚具槽实体温度，原材料从室外运入 20℃ 简易房内放置 2d 以上，继续采用热水搅拌。

（2）提高膨胀剂掺量，由原来的 31.5kg/m³ 提高至 50kg/m³，同时复合加入为混凝土后期提供膨胀的组分和增加新拌混凝土黏聚性的组分，同时，选择 1 个锚具槽采用中热水泥（抚顺中热水泥，与室内试验一致）拌制混凝土进行浇筑。

10.3.3 环锚衬砌原位锚具槽填充试验

10.3.3.1 环锚衬砌与试验条件

试验在隧洞原位混凝土衬砌的锚具槽上进行，选择 0°角位置锚具槽 12 个，45°角位置锚具槽 13 个。锚具槽设计尺寸为长 1200mm、宽 200mm、中间深 200mm、两端深 250mm。填充前预应力张拉已完成，槽内的锚索已完成防腐保护，槽内壁进行了凿毛处理。隧洞内试验区温度 5～6℃。现场试验情况如图 10-11 所示。

图 10-11　锚具槽填充试验现场试验环境

10.3.3.2 试验原材料和混凝土配合比

水泥：冀东 42.5 普通硅酸盐水泥（以下简称"普硅水泥"）、浑河 42.5 中热硅酸盐水泥（以下简称"中热水泥"）；粉煤灰：Ⅰ级粉煤灰；膨胀剂：专用复合膨胀剂；减水剂：聚羧酸高性能减水剂；细骨料：天然砂，饱和面干密度 2595kg/m³；粗骨料：人工花岗岩骨料，骨料粒径 5～20mm，饱和面干密度 2620kg/m³；拌和水：洞内渗水。

混凝土现场试验配合比见表 10-19。新拌混凝土坍落度 550～650mm（图 10-12），硬化混凝土 28d 抗压强度 43.6MPa。

表 10-19　　　　　　　　　　微膨胀自密实混凝土现场试验配合比

锚具槽	水胶比	胶材总量 /(kg/m³)	粉煤灰掺量 /%	砂率 /%	减水剂掺量 /%	原材料用量/(kg/m³)							备注
						水	水泥	粉煤灰	膨胀剂	减水剂	砂	小石	
10 号	0.34	575	10	55	1.3	195	472.5	52.5	50	7.2	823	682	中热水泥
11 号	0.34	575	10	55	1.3	195	472.5	52.5	50	7.2	823	682	普硅水泥

10.3.3.3 混凝土浇筑

试验用水泥、砂石等原材料在使用前从室外（低于 0℃）运抵室内（20℃）堆放 2d，提高材料基础温度。混凝土拌和在洞内采用强制式搅拌机加热水拌和，如图 10 - 13 （a）所示。

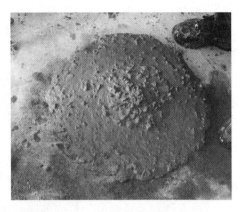

图 10 - 12 混凝土拌和物状态
（扩展度 600mm）

投料顺序为粗骨料、砂、水泥、粉煤灰、膨胀剂、水（外加剂溶于水中），搅拌时间 3min，混凝土出机温度 20℃。搅拌结束后用盛料斗接料、自流灌注。对于 0°角位置的锚具槽，混凝土浇筑至锚具槽中间部位的顶面时安放模板并紧固，剩余混凝土从模板两端预留的加料

（a）混凝土搅拌、出料

（b）0°角位置锚具槽填充

（c）45°角位置锚具槽填充

（d）锚具槽填充完成

图 10 - 13 锚具槽填充试验过程照片

口灌注,直至完成。对于45°角位置的锚具槽,先安装模板,混凝土从模板上部预留的加料口灌入。混凝土硬化后开始洒水养护,7d后拆除模板,如图10-13(d)所示。

10.3.3.4 填充密实性

试验表明,新拌混凝土的扩展度大于550mm时,混凝土具有良好的流动性。从现场混凝土拌和物的流动性、黏聚性、施工和易性以及浇筑情况看,试验混凝土具有良好的填充性能。通过自流方式,混凝土能够完全充满锚具槽的四角、锚索间的空隙以及整个锚具槽。浇筑7d拆模后,洒水养护28d(每天两次)+终止养护20d后,锚具槽填充混凝土自身未出现开裂情况,新老混凝土交界面结合良好,未出现开裂,如图10-14所示。

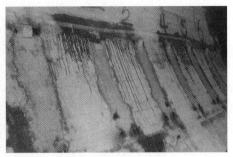

(a) 0°角位置锚具槽   (b) 45°角位置锚具槽

图 10-14 预应力混凝土衬砌原位锚具槽填充效果照片

10.3.3.5 混凝土膨胀性

为了监测混凝土的膨胀性,在10号和11号槽内埋设应变计,应变计长250mm。10号锚具槽填充混凝土采用中热水泥,11号锚具槽填充混凝土采用普硅水泥,膨胀剂均采用专用复合膨胀剂。微膨胀混凝土变形性能监测结果如图10-15所示。

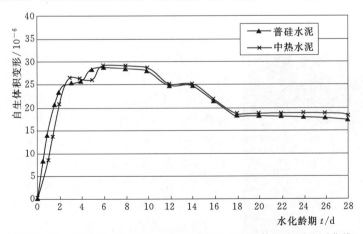

图 10-15 锚具槽内微膨胀自密实混凝土的自生体积变形监测曲线

专用复合膨胀剂兼顾混凝土的早期与后期膨胀性,同时具有改善混凝土拌和物黏聚性的特性,防止离析、泌水。由图10-15可知,10号锚具槽填充混凝土3d时自生体积变形为 $20 \times 10^{-6} \mathrm{m}^3$,7d的自生体积变形为 $29 \times 10^{-6} \mathrm{m}^3$,10d的自生体积变形为 29×10^{-6}

m³，10d 后混凝土自生体积变形开始收缩，至 28d 龄期，自生体积变形 12×10^{-6} m³。11 号锚具槽填充混凝土，3d 龄期自生体积变形为 23×10^{-6} m³，7d 自生体积变形为 29×10^{-6} m³，10d 自生体积变形为 28×10^{-6} m³，10d 后混凝土自生体积变形开始收缩，至 28d 龄期，自生体积变形 12×10^{-6} m³。两种水泥混凝土均呈先膨胀后收缩，混凝土自身体积变形整体呈膨胀型。

10.3.3.6　压水试验

为了观察锚具槽充填微膨胀混凝土与衬砌混凝土的界面黏结情况，从锚具槽内部沿着新老混凝土黏结面施加水压力，观察新老混凝土黏结面渗水情况。压水铜管埋设示意图及实际位置照片如图 10-16 所示，压水试验如图 10-17 所示，在 45°角位置的锚具槽上进行。水压力施加从 0.0MPa 开始加压，每隔 5～10min 增加 0.2MPa，最终水压力为 1.0MPa。在试验过程中记录水压力，同时观察新老混凝土黏结面渗水情况。试验结果如图 10-18 所示。

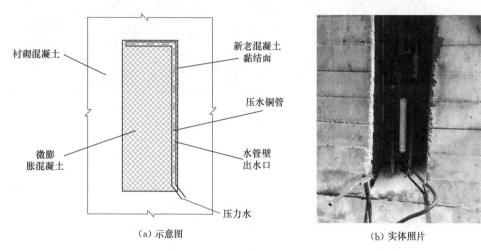

（a）示意图　　　　　　　　　　　（b）实体照片

图 10-16　压水铜管埋设位置

图 10-17　压水试验

水压力 0.2MPa 持续 10min，微膨胀混凝土无渗水，新老混凝土黏结面无渗水；继续增加水压力至 0.4MPa，持续 10min，微膨胀混凝土无渗水，新老混凝土黏结面无渗水；继续施加水压力至 0.6MPa，微膨胀混凝土无渗水，左下角的新老混凝土黏结面开始渗水；继续施加水压力值 0.8MPa，微膨胀混凝土无渗水，左下角的新老混凝土黏结面继续渗水，同时左上角开始渗水；继续施加水压力至 1.0MPa，微膨胀混凝土无渗水，左下角和左上角的新老混凝土黏结面继续渗水，侧边开始渗水。

压水试验结果表明，采用微膨胀自密实混凝土填充锚具槽，严格控制混凝土品质、出机温度、模板安装精度，按照正确的工序施工，新老混凝土黏结面具有良好的黏结强度。

(a) 0.4MPa 以下无渗水

(b) 0.6MPa 左下角渗水

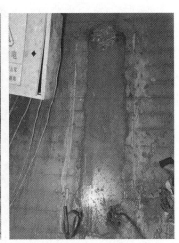
(c) 0.8MPa 左下、左上角渗水

图 10-18　压水过程中新老混凝土黏结面渗水情况

10.3.3.7　两种位置锚具槽的填充试验结果对比分析

现场针对两个位置进行了锚具槽的填充试验，分别布置在隧洞衬砌 45°角位置和 0°角位置。根据现场试验结果和混凝土浇筑的可操作性等因素，分析锚具槽两种布置方式的优劣。

（1）填充密实性看，两个位置的锚具槽均能密实填充。

（2）从混凝土外观看，锚具槽在 0°角，混凝土中的气泡不能完全排出，混凝土表层有麻面现象；锚具槽在 45°角更有利于混凝土中气泡的排放，混凝土表面光滑。

（3）两个位置锚具槽的填充混凝土配合比相同，混凝土膨胀性基本一致，布置位置对混凝土膨胀性基本没有影响。

（4）锚具槽基面准备方面，0°角锚具槽在衬砌底部更容易积水，且在基面处理时留在锚具槽内的杂物不容易清理，45°角锚具槽则容易保证基面处理干净。

（5）从填充完成后微膨胀混凝土的均匀性方面看，由于 45°角锚具槽上下部高差更大，混凝土上层可能会产生砂浆富集，下层骨料略多，因此，应保证微膨胀混凝土具有足够的流动性和黏聚性，必要时应在微膨胀自密实混凝土中添加增稠剂。

（6）从模板设计安装方面考虑，45°角锚具槽模板设计，尤其是灌注口的设计是关键；0°角锚具槽的模板设计、安装相对简单。

（7）综合比较，锚具槽布置在 45°角更利于保证混凝土浇筑质量。

10.4　微膨胀自密实混凝土配制及浇筑技术要求

10.4.1　混凝土原材料及配合比

根据试验结果，现场施工最终混凝土配合比见表 10-20，配合比使用说明如下：

（1）设计强度：C40。

（2）和易性：混凝土扩展度大于 550mm，不离析，不泌水，黏聚性良好，含气量不大于 4.0%。

（3）原材料：水泥采用 42.5 普通硅酸盐水泥；粉煤灰采用 F 类 I 级粉煤灰；细骨料采用天然河砂；粗骨料采用人工骨料，最大粒径 20mm；膨胀剂采用专用复合膨胀剂；减水剂采用聚羧酸高性能减水剂。

（4）大面积施工时原材料以设计文件为准，原材料种类或品质变化时需进行配合比复核试验。

表 10 - 20　　　　　　　　　微膨胀自密实混凝土现场试验配合比

水胶比	胶材总量/(kg/m³)	粉煤灰掺量/%	砂率/%	减水剂掺量/%	原材料用量/(kg/m³)						
					水	水泥	粉煤灰	膨胀剂	减水剂	砂	小石
0.34	575	10	55	1.3	195	472.5	52.5	50	7.23	823	682

10.4.2　模板安装

锚具槽混凝土模板宜采用钢模板，能够适应隧洞衬砌的弧度，表面光滑。模板预留的灌料口最低点高度应高于锚具槽顶部最高点。模板安装前涂刷脱模剂，安装完成后需与混凝土衬砌结合紧密，否则采取密封措施，防止漏浆。模板荷载计算、安装误差等技术参数应满足《水工混凝土施工规范》（SL 677—2014）的要求。

10.4.3　混凝土浇筑及养护

锚具槽内壁混凝土需凿毛或刷毛处理，去除表层净浆，露出新鲜砂浆或粗骨料，锚具槽内部应保持清洁，混凝土表面潮湿，不允许有杂物和积水。

微膨胀自密实混凝土采用强制式搅拌机拌和，搅拌时间 3min。投料顺序依次为粗骨料→细骨料→水泥→粉煤灰→膨胀剂→水＋外加剂。混凝土出机温度要求不低于 20℃。混凝土拌和物用容器盛装运输或者采用混凝土泵运输，然后直接灌入锚具槽内，利用其自流自密实特性实现对锚具槽的密实填充。每个锚具槽应一次性浇筑完成，避免槽内混凝土出现冷缝。混凝土硬化后开始洒水养护，洒水养护至 28d 龄期。

10.4.5　质量保证与检查措施

微膨胀混凝土浇筑时环境温度应不低于 5℃。

微膨胀混凝土应按照《水工混凝土施工规范》（SL 677—2014）要求进行原材料品质检测、混凝土拌和物出机口取样检测扩展度、强度和抗渗抗冻耐久性，检验频次应不低于《水工混凝土施工规范》（SL 677—2014）的要求。

第11章　无黏结预应力环锚衬砌施工
技术和施工工艺

11.1　引言

无黏结预应力环锚衬砌技术属于国内外新型衬砌技术，与普通钢筋混凝土衬砌相比，环锚衬砌施工是一项工艺精细、技术含量高的工作，而且对于无黏结预应力锚索的定位、张拉、锚固以及衬砌混凝土浇筑质量控制等技术提出了更高的要求。在普通钢筋混凝土衬砌施工技术基础上，基于引松工程实践，提出了无黏结预应力环锚衬砌施工技术和施工工艺。

11.2　施工工艺

11.2.1　施工流程优化

预应力环锚衬砌施工包括衬砌结构施工、预应力环锚施工以及结构力学特性监测（根据实际需要设定），具体施工流程见图11-1。

11.2.2　环锚定位及安装

预应力环锚由圆环形锚索、渐近线锚索以及平直线锚索三部分组成，如图11-2所示。圆环形锚索是通过横向定位钢筋安于外层钢筋内侧，其环向及纵向的测量定位主要是在外层主筋上埋置安装标志；锚具槽与外层钢筋之间的渐近线锚索主要是通过预设置按渐近线分布的钢支架实现测量定位；锚具槽内平直线锚索的测量定位是标定锚具槽两侧端模上的锚索穿孔位置。

无黏结环锚安装时必须与控制标志相对应，检验无误后，用钢丝或扎丝固定于钢筋上，环锚应铺设曲线应平滑，不得存在错位或交叉。内外圈环锚所在平面应垂直于隧洞轴线，其角度偏差不得超过$0.15°$。环锚按照位置的控制性误差应满足表11-1的规定。

以单层双圈环绕法布置锚索为例，工作锚板锚固端和张拉端各设4个锚孔，每个锚具槽布置4根无黏结环锚，将2根编为一束，分别从锚具槽出发顺时针和逆时针方向环绕$720°$后，穿入锚具槽。相邻锚具槽的锚索环绕方向应相反，以使锚具槽内环锚锚固端和张拉端交错布置，例如：沿水流方向的某锚具槽环锚分为A、B两束，A束为顺时针环绕，B束为逆时针环绕，则其相邻的锚具槽A束为逆时针环绕，B束为顺时针环绕。

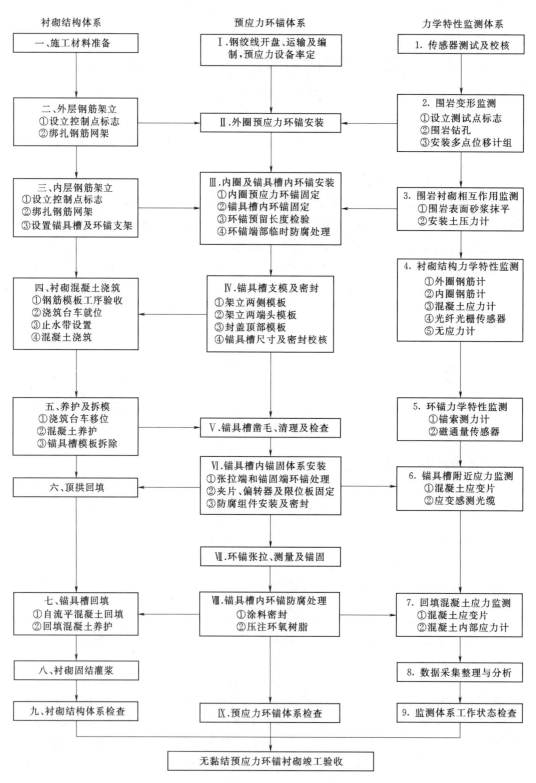

图 11-1　预应力环锚衬砌施工流程

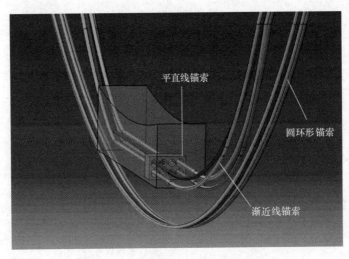

图 11-2 预应力环锚空间分布图

表 11-1 环锚安装控制点及误差允许表

环锚位置	控制点/个	测量项目	方向	允许误差值
圆环形锚索	16	半径	轴向	±10mm
		桩号	纵向	±10mm
渐近线锚索	10	半径	轴向	±10mm
		桩号	纵向	±10mm
		角度	环向	±21′05″
平直线锚索	2	桩号	纵向	±5mm

安装时严禁使用 PE 套管有破损的环锚，在环锚绑扎时务必确保其受力合适，不允许出现使环锚 PE 套管产生刻痕、压纹或破裂的施工操作，以保证无黏结环锚摩擦性能以及防腐措施符合要求。

每榀环锚必须经过严格检查合格后方可进行下一榀施工，预应力环锚定位及安装检查程序见图 11-3。

11.2.3 锚具槽制作

内外层钢筋以及环锚托架安装完成后，对典型位置控制点坐标进行逐一检查，经检查准确无误后，开始锚具槽施工。引松工程预应力环锚衬砌锚具槽的尺寸为 120mm（长）×20mm（宽）×20mm（高），锚具槽制作主要工序如下：

(1) 利用底板插筋定位锚具槽侧向模板，并安装。

(2) 锚具槽两端头模板按锚具尺寸要求制作环锚穿孔。

(3) 联结锚具槽端头模板和侧向模板，设置内部撑杆以防锚具槽变形。

(4) 环锚穿槽并固定，预留环锚至设计长度，切除多余环锚。

(5) 制作、安装锚具槽弧形顶模，密封锚具槽。

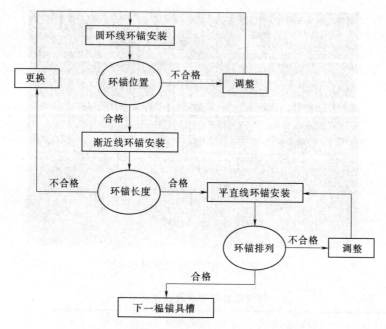

图 11-3　预应力环锚定位及安装检查程序框图

（6）浇筑混凝土，养护到标准强度后脱模，拆除锚具槽模板。

（7）利用风镐、錾子等工具对锚具槽侧部和底部凿毛，清理锚具槽。

由于锚具槽部位环锚及钢筋较密集分布，衬砌浇筑时对该部位的混凝土振捣应特别注意，避免出现浇筑质量缺陷。

11.2.4　环锚张拉顺序

衬砌混凝土达到养护强度后，进行预应力环锚张拉，张拉前需全面检查各部件安装的正确性，确保安装无误后进行施工操作。

环锚衬砌每浇筑段为 12m，锚具槽张拉作业顺序见图 11-4，考虑到每浇筑衬砌段边界附近的混凝土结构相对薄弱，每段环锚衬砌从中间位置的锚具槽开始张拉，然后，采用两套张拉设备同时向环锚衬砌两边界处依次张拉。为防止环锚衬砌斜截面产生较大的剪应力，张拉时应保证任何两个相邻锚具槽所受张拉力差值不得大于 50% 的荷载设计值。

11.2.5　分级张拉及步骤

环锚张拉应力设计值为 $0.75f_{ptk}$（f_{ptk} 为预应力锚索强度标准值，即 1860MPa），若有特殊要求，可提高 $0.05f_{ptk}$。4 根环锚同时张拉达到 $0.75f_{ptk}$ 时，千斤顶最大张拉力为 781.2kN。张拉荷载采用以应力标准为主、以伸长值校核为辅的控制方法，张拉时保持匀速加载，加载速度按无黏结锚索应力增量 100MPa/min 的速度为宜。

环锚张拉分 5 级匀速加载（见表 11-2），每级荷载达到预定值后稳定 3min，进行下一级加载，最后一级张拉荷载稳定 6min，然后锁定锚具。

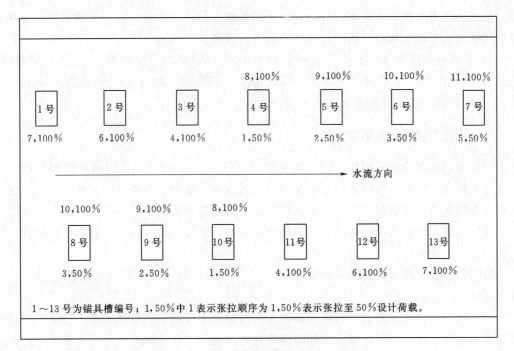

图 11-4 环锚衬砌锚具槽张拉作业顺序图

表 11-2 环锚衬砌张拉加载分级表

荷载级别	荷载百分比/%	荷载值/kN	油表示值/MPa		稳压时间/min
			表 YA0339-139	表 YA0145-626	
1	5	39.06	2.00	2.00	3
2	25	195.30	10.25	10.25	3
3	50	390.60	20.50	20.50	3
4	75	585.90	31.00	31.00	3
5	100	781.20	41.50	41.25	6

环锚衬砌张拉步骤如下：

（1）安装工具锚板、夹片和防腐组件。

（2）如需要监测锚索长期受力状态，在张拉端安装锚索测力计及其固定装置。

（3）固定并夹紧锚固端和张拉端工具锚板内的夹片。

（4）按顺序安装偏转器、限位板、延长筒、千斤顶以及油泵等。

（5）检查并记录油表和传感器上的所有读数。

（6）预紧锚固体系，张拉环锚至 5% 的设计荷载，检查工作锚板、夹片、限位板、延长筒等组件是否卡紧、无错位。

（7）顺序张拉环锚至 25% 和 50% 设计荷载，稳定油压，严格执行稳压时间标准，记录油压表示数、锚索测力计读数、无黏结锚索伸长量和游动锚头的游动量。

（8）回千斤顶，卸载张拉力至零。

（9）顺序张拉环锚至 50%、75% 和 100% 设计荷载，稳定油压，严格执行稳压时间标准，记录油压表示数、锚索测力计读数、无黏结锚索伸长量和游动锚头的游动量，加载中观察环锚周边混凝土和锚具槽附近混凝土是否有开裂。

（10）检查实测锚索伸长值是否符合以下要求：$0.94\Delta L$（计算值）$<\Delta L$（实测值）$<1.06\Delta L$（计算值），若伸长量不足，可超张拉 $0.05 f_{ptk}$ 后锚固，稳定时间为 6min。

（11）卸载，记录各项指标终值。

11.2.6　预应力锚固体系防腐处理

锚具槽内的预应力锚固体系的混凝土覆盖层较薄（约 80mm），而输水隧洞长期在高内水压力状态下运行，所以环锚及相关锚具的防腐尤其重要。为避免施工材料对输水隧洞水质潜在的污染，防腐时选用环氧类材料替代传统防腐润滑脂。

预应力锚固体系采用的防腐主要组件包括：密封垫板、保护帽、过渡管、保护管、塑料盖以及密封胶带等。

根据锚固及防腐组件现场实际装配图（图 11-5），预应力锚固体系防腐处理工艺流程包括：

（1）依据设计文件要求，切除过长的无黏结预应力环锚的各束锚索和 PE 保护层，并清除表面油脂；而且，后面安装各种防腐组件的过程中，必须保持各组件表面清洁，组件不能附着影响紧密贴合的杂质。

（2）工作锚板的锚索进出端，严格按照预应力锚固体系防腐组件装配图，依次将保护管、钢夹管、密封垫板、过渡管穿入钢绞线。

（3）安装工作夹片，在限位板、延长筒、偏转器以及千斤顶等张拉工具和设备的配合下，完成预应力环锚体系张拉，并锚固。

（4）按照设计要求切除多余钢绞线，检查预留防腐保护管长度是否满足密封要求。

（5）在剥除 PE 套管的钢绞线表面均匀涂抹防腐涂料，然后，套上防腐保护管和过渡管。

（6）调整钢夹管、密封垫板等组件位置保持对齐，拧紧螺栓，确保密封垫板端面、工作锚板端面以及钢夹板端面之间紧密贴合。

（7）安装张拉端锚索的保护管和过段管，保护管头部安装塑料盖并塞紧。

图 11-5　锚固及防腐组件现场实际装配图

（8）预应力锚固体系防腐组件安装完成后，组件表面及接缝处涂抹防腐环氧树脂。

（9）锚具槽回填微膨胀自密实混凝土，密封槽内预应力锚固体系，混凝土中不能掺入含有硫离子和氯离子的材料。

11.3 施工技术要求

11.3.1 钢绞线放线及开盘

隧洞衬砌施工前应对断面进行复测，并及时将测量成果提交监理人和设计单位。如出现偏差应如实反映到设计单位。如出现不符合要求的情况，经设计单位和监理人批准，方可进行钢筋架立工作。

（1）无黏结钢绞线筋运输、储存：

1）无黏结钢绞线采用成卷筒运输，在运输过程中要遮盖、防潮、避免日光及紫外线照射。

2）在无黏结钢绞线的装卸过程中应采取保护措施，以避免 HDPE 保护层遭受损伤。

3）无黏结钢绞线在储放时采用遮盖、防潮、避免日光及紫外线照射，并远离明火。码放层数不大于 3 盘。

4）在运输、储存过程中，无黏结钢绞线不得与硫化物、氯化物、氟化物、亚硫酸盐、硝酸盐等有害物质直接接触或同库存放。

5）在每次使用之后，无黏结钢绞线的端部都应进行封口保护以避免潮气及污物侵入。

（2）无黏结钢绞线的开盘：

1）无黏结钢绞线的开盘、下料和编束的场地应统一布置，其场地可根据无黏结钢绞线下料长度和无黏结钢绞线束编束所需直径来规划，场地要宽畅、平整、清洁。

2）无黏结钢绞线开盘时，无黏结钢绞线必须采用安装在立架上的卷筒拉出，卷筒可以转动，并配置刹车以控制卷筒的旋转，以避免摩擦损伤。

3）开盘时，施工人员应带上防护手套，并避免正对卷筒出口。

4）打开无黏结钢绞线卷筒时，应严格检查无黏结钢绞线的 HDPE 套管是否有损坏。发现任何损伤，均应严格按照生产商的规定加以修补，不能进行修补的按废品处理。

5）无黏结钢绞线不得横过卷筒表面拖拉，以避免损伤 HDPE 套管。

（3）无黏结钢绞线下料长度及切断：

1）无黏结钢绞线的下料长度为 $L_i = 2\pi D_i + L_1 + L_2$，$D_i$ 为无黏结预应力筋布置在环段衬砌周边处的相应直径；L_1 为被动端预留预应力筋的长度；L_2 为主动张拉端预留预应力筋的长度。

2）无黏结钢绞线的下料长度应在场地上作出显著标志，严禁弯折及锋利物品损坏表面的 HDPE 层。

3）无黏结钢绞线宜采用砂轮切割机或切断机切割，不得用电焊或氧乙炔焰切割。严禁无黏结钢绞线导电。

4）无黏结钢绞线在全长度内不允许有接头或连接器。

5）HDPE 套管表面有明显刻痕及压纹的钢绞线不能采用。

（4）无黏结钢绞线的编束：

1）钢绞线间采用编帘法。

2）绕圈方向：在同一束预应力锚索的无黏结钢绞线，顺时针绕圈方向和逆时针绕圈方向各占一半。

3）各股钢绞线展开应顺直，不得交叉，并用 18 号铅丝沿周长每隔 1.5～2.0m 扎紧成索。

4）预应力锚索编制后应挂牌编号，最好以 PE 层颜色来区分。

11.3.2　普通钢筋

钢筋混凝土结构用的钢筋种类、钢号、直径等，应符合设计文件的规定。热轧钢筋的性能必须符合国家标准的规定。对不同等级、牌号、规格及生产厂家的钢筋必须按分批验收，分别堆存，不得混杂，且应立牌以资识别。钢筋应有出厂质量保证书；使用前，仍应按规定作拉力、延伸率、冷弯试验。需要焊接的钢筋，应作焊接工艺试验。

钢筋的表面应洁净，在使用前如其表面油渍、漆污、锈皮、鳞锈等，必须清除干净。钢筋应平直，无局部弯折，钢筋中心线同直线的偏差不应超过其全长的 1％。

钢筋焊接前，必须根据施工条件进行试焊，合格后方可施焊。焊工必须持有上岗资格证。

钢筋接头应分散布置。配置在"同一截面内"的下述受力钢筋，其接头的截面面积占受力钢筋总截面面积的百分率，应符合下列规定：钢筋焊接接头，在构件的受拉区中不超过 50％，在受压区中不受限制。

钢筋的安装位置、间距、保护层及各分部钢筋的大小尺寸，均应符合设计规定。

安装后的钢筋，应有足够的刚性和稳定性。在钢筋架设完毕，未浇筑混凝土之前，须按照设计图纸和规范的标准进行详细检查，并作出检查记录，合格后方能浇筑混凝土。

11.3.3　无黏结钢绞线的安装

（1）无黏结钢绞线的安装准备：

1）设定和校核无黏结钢绞线安装控制标志，在外层钢筋架设后，根据无黏结钢绞线布置，埋置安装标志。

2）安装较为灵活、方便的吊装装置。

3）钢绞线的下料长度应根据锚具设备及锚固尺寸要求确定，下料长度的误差不应大于 ±50mm；为了降低施工消耗，可以要求厂家定尺供货。

4）在安装预应力钢绞线之前，每一浇筑段内必须用仪器测量不少于 5 束钢绞线（束），确认标记的位置是否准确，偏差不得超过 10mm。

（2）无黏结钢绞线的布置：钢绞线应为高强无黏结低松弛钢绞线，其质量应符合或不低于《预应力混凝土用钢绞线》（GB/T 5224—2014）的要求。钢绞线采用单层双圈布置，环锚锚板锚固端和张拉端各设 4 个锚孔，4 根无黏结钢绞线从锚固端起始沿外层圆周环绕 2 圈后进入张拉端，无黏结钢绞线锚固端与张拉端的包角为 $2×360°$。锚具槽中心间距和布置位置由现场原位试验成果确定。

（3）无黏结钢绞线安装顺序和控制误差标准：

1）无黏结钢绞线在安装时，与工作面上设定的控制标志必须相对应，检验无误后，并用 18 号铅丝绑紧在托架上，无黏结钢绞线应铺设平顺，不得有交叉现象。

2）无黏结钢绞线所在平面应与隧洞中心线垂直，其角度偏差不得超过 $0.15°$。

3）严禁在无黏结钢绞线周围进行有损包层的各种不利作业，安装过程中不得将无黏结钢绞线用力绑扎，以避免套管出现刻痕、压纹或破裂。

4）无黏结钢绞线通过夹片固定在锚具锥形孔内。

5）无黏结钢绞线安装位置的控制性误差应满足相关规定。

11.3.4 止水、伸缩缝

（1）止水带的型式、尺寸和材质要求：

1）止水采用橡胶止水带，止水带型式为中心孔型普通止水带。

2）橡胶止水带两侧的伸缩缝内填充聚乙烯硬质泡沫板，伸缩缝宽 20mm。伸缩缝迎水侧填充砂浆，工程施工过程中，选取一个试验段，根据试验段情况，分析论证砂浆的使用范围以及是否采用其他材料优化设计方案。

3）橡胶止水带的物理力学性能应满足施工技术要求。

（2）橡胶止水带现场制作和接头要求：

1）橡胶止水带接头采用硫化连接。

2）止水带的接头强度与母材强度之比应满足不小于 0.6。

3）止水带的 T 型接头、十字接头宜在工厂整体加工成型。

4）异种材料止水带的连接可采用搭接，并用螺栓固定或其他方法固定。搭接面应确保不漏水。用螺栓固定时，搭接面之间应夹填密封止水材料。

（3）安装保护和基础连接要求：

1）止水带的安装应符合设计要求，止水带的中心变形部分安装误差应小于 5mm。

2）施工中应封闭开敞型止水带的开口，防止杂物填塞开口。

3）采用紧固件固定止水带时，紧固件必须密闭、可靠，宜将紧固件浇筑在混凝土中。采用螺栓固定止水带时，宜用锚固剂回填螺栓孔。紧固件应采取防锈措施。

4）止水带周围的混凝土施工时，应防止止水带移位、损坏、撕裂或扭曲。止水带水平铺设时，应确保止水带下部的混凝土振捣密实。

5）橡胶止水带在运输、储存和施工过程中，应防止日光直晒、雨雪浸淋，并不得与油脂、酸、碱等物质接触。对于部分暴露在外的止水带，应采取措施进行保护，防止破坏。

（4）质量检查和验收：

1）橡胶止水带表面不允许有开裂、缺胶、海绵状等影响使用的缺陷，中心孔偏心不允许超过管状断面厚度的 1/3。止水带表面允许有深度不大于 2mm，面积不大于 $16mm^2$

的凹痕、气泡、杂质、明疤等缺陷，每延米不超过 4 处。

2）止水带应有产品合格证和施工工艺文件。现场抽样检查每批不得少于一次。

3）应对止水带各工种施工人员进行培训。

4）应对止水带的安装位置、紧固密封情况、接头连接情况、止水带的完好情况进行检查。

（5）伸缩缝缝面填料施工要求：

1）伸缩缝缝面应平整、洁净，如有蜂窝麻面，应填平，外露铁件应割除。

2）缝面填料的材料、厚度应符合设计要求。

3）缝面应干燥，先刷冷底子油，再按序粘贴。其高度不得低于混凝土收仓高度。

4）贴面材料要粘贴牢靠，破损的应随时修补。

11.3.5　环锚张拉前准备

（1）设备准备。

油泵和千斤顶，应在张拉作业开始前一个月内，经具备资质的计量机构进行一一配套标定，绘出"油泵压力表读数 $P \sim$ 千斤顶张拉力 T"对应关系曲线，以备实际操作时控制钢绞线（束）张拉力之用。

油泵与千斤顶必须按标定之编号配套使用，不得交叉混用。其"$P \sim T$"曲线至少应每个月校验一次。

此外，还应对千斤顶、限位板进行配套摩阻损失测定，以便准确掌握钢绞线（束）在锚具处的应力状况。

（2）无黏结钢绞线的清理：

1）在每个锚具槽的下端为张拉端（即下端），上端为固定端（即上端）。

将锚具槽内的无黏结钢绞线上作标记，用角磨机将多余无黏结钢绞线从标记处切断，并打磨无黏结钢绞线的端部。

2）固定端无黏结钢绞线切割完成后，在每根张拉端和固定端无黏结钢绞线相应位置作 PE 护套切割标记，将 PE 套管切除。

用专用的 PE 套管切割剪将无黏结钢绞线的 PE 扩套从标记处剪断并剥除；用纱布擦去无黏结钢绞线上的防腐油。

上述的搭接长度及 PE 套管切除长度在试验中将不断调整，直至完善。

（3）锚具的清理：锚具应进行清理和检查，并在锚板上锚孔内壁和夹片的外表面涂少量退锚灵。

（4）锚具及防腐件的安装：

1）在每一根无黏结钢绞线上都安装防腐连接套管。

2）安装锚具两侧的防腐密封钢板和橡胶垫，分别套在无黏结钢绞线的两端。

3）防腐附件的安装经检查正确后，将无黏结钢绞线从锚具两端穿入锚具，并将夹片装入锚孔，锁定固定端。

（5）张拉设备安装：

1）选用的张拉设备应具有结构紧凑、轻便、经久耐用、摩阻损失小等特点。

2）按次序安装限位板、偏转器。要求位置正确，各部件间紧密、缝隙小。

3）利用张拉台车和倒链安装千斤顶。穿入千斤顶的各股无黏结钢绞线，必须顺直、无交叉。

4）千斤顶和油泵连接的高压油管要求顺直，不得盘绕，工作中保护好高压油管。

11.3.6 固结灌浆管路要求

埋设的管路应符合设计要求。管道应无堵塞，表面锈皮、油渍等应清除干净。

管路接头必须牢固，不得漏水、漏气，宜选用丝扣连接。不同形状的管、盒的连接可用包扎的方法，不得漏入水泥浆。

管路安装应牢固、可靠。经过伸缩缝的管道，应设置伸缩节或过缝处理。

所有埋管出口应妥善保护，埋管出口集中处，应作好识别标志。

管路安装完毕，应以压力水或通气的方法检查是否通畅。如发现有堵塞或漏水（气）现象，应进行处理，直至合格。

管路在混凝土浇筑过程中，应有专人维护，以免管路变形或发生堵塞。混凝土覆盖后，应通水（气）检查，发现问题，应及时处理。

各种预埋管路的位置、高程、进出口等均应作好详细记录并绘图说明。

11.4 环锚张拉控制标准

11.4.1 张拉顺序控制标准

为了防止张拉过程中因应力集中产生张拉裂缝，对锚具槽进行分步分级张拉施工，张拉顺序的原则是任何两个相邻锚具槽在张拉时所受拉力差值不大于50%。每段浇筑衬砌块张拉的第一个锚具槽可以是任何一个锚具槽，但由于分块边界混凝土结构相对薄弱，因而不从边界第一块开始张拉，可选择从每块衬砌结构的中间位置开始张拉，采用两套张拉设备，同时在隧洞两侧进行张拉，从0加载到100%设计荷载共分5级进行（见表11-3）。

表 11-3　　　　　　　　　　　张 拉 荷 载 分 级 表

级　别	设计荷载百分比 /%	拉力 /t	油表读数 /MPa	稳定时间 /min
1	5	3.906	2.00	2
2	25	19.53	10.25	2
3	50	39.06	20.50	2
4	75	58.59	31.00	2
5	100	78.12	41.25	5

大面积施工时，一般浇筑段长为12m，张拉顺序见图11-6所示。首先沿水流方向对24个锚具槽进行编号，图11-6中1～24号表示锚具槽编号，6号锚具槽标记为1%～50%和13%～100%，这表示6号槽为第1张拉顺序槽，第1次张拉时从0张拉至50%设

计荷载值，同时 6 号槽又为第 13 张拉顺序槽，第 13 次张拉时从 50％设计荷载张拉至 100％设计荷载。由图 11-6 可知，一个 12m 浇筑块分三步进行张拉，第一步 6～12 号锚具槽、19～13 号锚具槽先张拉至 50％设计荷载，第二步 5～1 号锚具槽、20～24 号锚具槽直接从 0 张拉至 100％设计荷载，第三步 6～12 号锚具槽、19～13 号锚具槽再从 50％设计荷载张拉至 100％设计荷载。整个 12m 段分 3 步 19 次张拉全部完成。

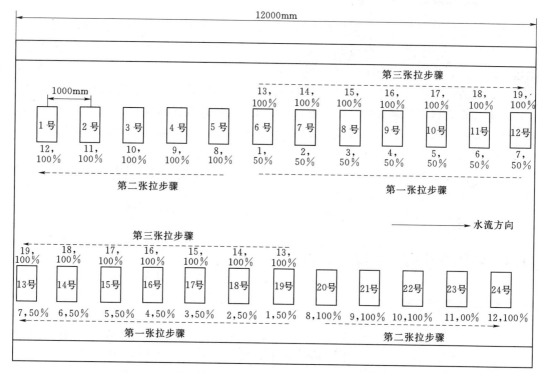

图 11-6　单个 12m 长混凝土衬砌浇筑块优化后的张拉顺序图

11.4.2　张拉荷载分级标准

最大张拉应力为 0.75 倍的预应力钢筋强度标准值，即 1395MPa，根据钢绞线截面积计算千斤顶最大张拉力为 781.2kN。从 0 加载到 100％设计荷载共分 5 级进行，加载速度控制在无黏结锚索应力增加速度不超过 100MPa/min，在加载速度满足的条件下尽量匀速加载，每级分级荷载下稳定 2min 以上，最后一级荷载稳定 5min 以上，然后锁定。第一级 5％的设计荷载主要对锚索起到预紧的作用，同时作为锚索伸长值和锚具游动量测量的起点位置。

11.4.3　张拉质量控制标准

张拉过程中以应力控制为主，同时测量锚索在各级荷载下的伸长值作为锚索的变形控制，并严格控制每级加载的时间和间歇时间。所有控制标准均进行量化管理，其中应力控制是指按表 11-3 中的各级荷载控制千斤顶油压表读数，从而实现张拉力的控制。为了让张拉力能有足够的时间传导到锚固端，使张拉过程中预应力更均匀，张拉过程中严格控制每级加载时间和各级荷载的稳定时间，加载时间按以速度控制为准，即加载速度控制在无黏结锚索应力增加 100MPa/min 以内，稳定时间以表 11-3 中稳定时间为准，即在前面 4 级荷载下稳定 2min 以上，最后一级荷载稳定 5min 以上。张拉过程中对实测伸长值也进行量化控制，根据《无黏结预应力混凝土结构技术规程》（JGJ 92—2016）中规定，锚索张拉至 100% 设计荷载值时，实际伸长值与计算伸长值偏差不得超过 ±6%，即实测伸长值 ΔL 必须满足：

$$0.94\Delta L(计算值) < \Delta L(实测值) < 1.06\Delta L(计算值) \tag{11-1}$$

伸长值的计算值为

$$\Delta L = 0.95(\Delta L_1 + \Delta L_2 + \Delta L_3) \tag{11-2}$$

式中：ΔL_1 为张拉时千斤顶和偏转器内部锚索的伸长值；ΔL_2 为环锚第一圈锚索的伸长值；ΔL_3 为环锚第二圈锚索的伸长值。

因以 5% 设计荷载下的锚索位置作为伸长值测量的起点，所以伸长值计算值需乘以 0.95。按照摩阻损失试验及材料参数得到：摩擦损失系数 $\mu = 0.0449$，偏差系数 $\kappa = 0.0012$，锚索弹性模量 $E_p = 1.95 \times 10^5$ MPa，千斤顶摩擦损失 1.0%，偏转器摩擦损失 9.0%，锚索缠绕半径 R 为 3.82m，锚索长度 49.0m，控制张拉力 $\sigma = 0.75 \times 1860 = 1395$ MPa。

由此可求得锁定前锚索在千斤顶与偏转器之间的张拉应力 σ_1 为

$$\sigma_1 = 0.99 \times 1395 = 1381.05 \text{MPa}$$

偏转器之后锚索的张拉应力 σ_2 为

$$\sigma_2 = 0.91 \times 1395 = 1269.45 \text{MPa}$$

在千斤顶和偏转器内部锚索长度为 1m，伸长值：

$$\Delta L_1 = \frac{1}{2}(\sigma_1 + \sigma_2) \times 1.0/E_P = 6.8 \text{mm}$$

两圈锚索的伸长值 ΔL_2 和 ΔL_3 分别为

$$\Delta L_2 = \frac{1}{E_P} \int_1^{25} \sigma_2 e^{-(\mu/R + k)(x-1)} \, dx = 134.24 \text{mm}$$

$$\Delta L_3 = \frac{1}{E_p} \int_{25}^{49} \sigma_2 e^{-(\mu/R + \kappa)(49-x)} \, dx = 134.24 \text{mm}$$

计算伸长值：

$\Delta L = 0.95(\Delta L_1 + \Delta L_2 + \Delta L_3) = 261.5$ mm，根据式（11-1），张拉时实测伸长值的控制范围为：245.8mm $< \Delta L(实测值) <$ 277.2mm。

11.5　施工安全要求

环锚衬砌张拉施工除必须遵守常规安全管理制度外，还必须遵守以下要求：

（1）施工技术人员经过安全培训后方可上岗。

（2）环锚张拉机具及设备使用前必须认真检查，满足要求才能使用。

（3）环锚张拉端侧前方须设置钢挡板等防护措施，张拉过程中，严禁张拉端及千斤顶附近站人。

（4）千斤顶及油泵施工操作人员必须熟练，张拉时注意压力表读数变化，如有意外情况立刻卸载关机，检查问题，消除故障后再恢复作业。

（5）施工过程中观察衬砌有无异常，如混凝土出现裂缝、鼓起等情况。

11.6　引松工程现场施工效果分析

引松工程环锚衬砌试验采用 OVM 生产的 YCW－100B 型千斤顶和 ZB4－500 型油泵进行张拉作业，油泵和千斤顶在使用前均经具备资质的计量机构进行了标定。在张拉准备工作都完成后，按预定的张拉顺序进行张拉。第一段和第一段各锚具槽张拉后实测伸长值见表 11－4。由表 11－4 可知，两段 1 号至 6 号锚具槽张拉实测伸长值均满足计算伸长值要求，张拉过程质量得到了有效控制。张拉过程中操作人员应仔细填写预应力张拉记录表，并在张拉结束后签名备查，同时将油泵、千斤顶检定证书和伸长值记录等资料进行归档。

表 11－4 　　　　　　　　　引松工程两段锚索张拉后实测伸长值

分　段	锚具槽号	实测伸长值 /mm	计算伸长值 /mm	是否满足伸长量控制要求
第一段	1 号	257.0	264.8	满足
	2 号	259.0	264.8	满足
	3 号	253.0	264.8	满足
	4 号	256.0	264.8	满足
	5 号	252.0	264.8	满足
	6 号	255.0	264.8	满足
第二段	1 号	254.0	261.5	满足
	2 号	258.0	261.5	满足
	3 号	251.0	261.5	满足
	4 号	250.0	261.5	满足
	5 号	266.0	261.5	满足
	6 号	263.0	261.5	满足

引松工程在以往的张拉顺序基础上进行了优化，以衬砌中部锚具槽作为起始张拉槽进行张拉，使用两套张拉设备同时朝隧洞两侧相对张拉，即满足了任何两个相邻锚具槽所受拉力差值不得大于 50% 的要求，又提高了张拉速度。张拉试验过程中衬砌未出现任何明显可见的裂缝，伸长值也满足计算值要求，整个张拉过程安全可靠。对于大面积施工而言，12m 为一个独立混凝土浇筑段，对于一个浇筑块，一共有 19 次张拉工序，比小浪底 36 次张拉工序少了 17 步。将小浪底张拉施工耗时及设备人员与引松工程张拉施工进行对

比，对比结果见表 11-5，假定两个工程采用的分级荷载的加载速度和间歇时间一样，千斤顶和锚具安装在张拉的同时中由另一班人员单独完成，实现时间的统筹安排。按照表 11-5 中张拉施工人员设备配置，在大面积现场施工时，一个浇筑块可采用 4 套千斤顶设备，两套在进行张拉的同时，另外两套进行锚具和千斤顶的组装，即可不间断进行张拉。引松工程张拉一个浇筑块只需要 360min，而小浪底需要 720min，一个浇筑块节省 6h。引松工程一共 14.7km 预应力环锚衬砌，1 个浇筑段 12m 从绑扎钢筋开始到完成最后一道工序，平均时间为一周，全线 1225 个浇筑段在 2 年工期内完成，需分多标段同时施工才能完成，工期压力较大。而采用优化后的张拉顺序，可节约一倍的张拉时间，大幅提高了施工速度。

表 11-5   单个 12m 浇筑块小浪底与引松工程张拉方法耗时、人员设备对比表

工程名称	分级张拉	张拉次数	每次耗时/min	张拉设备台数	人员配置情况
小浪底工程	0~50%	12	15	2 套千斤顶，1 套油泵	2 组人员共 4 人，2 人一组进行张拉，2 人一组进行千斤顶和锚具组装
	50%~100%	12	15		
	0~100%	12	30		
	总计	36	720		
引松工程	0~50%	7	15	4 套千斤顶，2 套油泵	4 组人员共 8 人，两组进行张拉，两组进行千斤顶和锚具组装，每组 2 人
	50%~100%	7	15		
	0~100%	5	30		
	总计	19	360		

对于张拉质量的控制指标，由 4 部分组成，分别是应力控制、张拉速度控制、稳定时间控制和实测伸长值控制。在对张拉过程进行应力控制的同时，应记录每一级荷载下的锚索伸长值，在锁定前计算整个张拉过程中的实测伸长值，与理论计算伸长值对比，满足要求，才进行下一个锚具槽的张拉，若不满足，应记录，并分析可能出现的原因，当实测伸长值偏小时，最后一级荷载可进行超张拉 3% 设计荷载进行控制，并适当延长荷载的稳定时间，引松工程现场施工记录见表 11-6 和表 11-7。

表 11-6   引松工程预应力衬砌试验第一试验段现场记录汇总表

锚索编号：N3-1   千斤顶编号：16503   油表编号：5262

级别	百分比	拉力/t	油表读数/MPa	伸长位置/cm	伸长量/cm	游动位置/cm	游动量/cm	张拉日期	起始时间	结束时间
1	5%	3.906	2.00	2.5	—	47.4	—	2017-9-19	14：05	14：25
2	25%	19.53	10.25	8.9	6.4	44.2	3.2			
3	50%	39.06	20.50	15.6	6.7	41.1	3.1			
回顶		—	—	6.7	—	41.1	—			
4	75%	58.59	31.00	11.9	5.2	37.4	3.7	2017-9-20	8：29	8：44
5	100%	78.12	41.25	19.3	7.4	34	3.4			
合计		—	—	—	25.7	—	13.4			

锚索编号：N3-2　　千斤顶编号：16503　　油表编号：5262

级别	百分比	拉力/t	油表读数/MPa	伸长位置/cm	伸长量/cm	游动位置/cm	游动量/cm	张拉日期	起始时间	结束时间
1	5%	3.906	2.00	2.7	—	45.9	—	2017-9-19	9：12	9：35
2	25%	19.53	10.25	8.3	5.6	43.2	2.7			
3	50%	39.06	20.50	15.1	6.8	39.9	3.3			
回顶		—	—	5.5	—	39.9				
4	75%	58.59	31.00	11.3	5.8	37.1	2.8	2017-9-19	16：31	16：45
5	100%	78.12	41.50	19	7.7	33.5	3.6			
合计		—	—	—	25.9	—	12.4			

锚索编号：N3-3　　千斤顶编号：16503　　油表编号：5262

级别	百分比	拉力/t	油表读数/MPa	伸长位置/cm	伸长量/cm	游动位置/cm	游动量/cm	张拉日期	起始时间	结束时间
1	5%	3.906	2.00	3.2	—	46.1	—	2017-9-19	14：55	15：34
2	25%	19.53	10.25	8.3	5.1	43.8	2.3			
3	50%	39.06	20.50	15.3	7	40.5	3.3			
回顶		—	—	3.6	—	40.5				
4	75%	58.59	31.00	8.9	5.3	38.1	2.4			
5	100%	78.12	41.50	16.8	7.9	34.3	3.8			
合计		—	—	—	25.3	—	11.8			

锚索编号：N3-4　　千斤顶编号：16503　　油表编号：5262

级别	百分比	拉力/t	油表读数/MPa	伸长位置/cm	伸长量/cm	游动位置/cm	游动量/cm	张拉日期	起始时间	结束时间
1	5%	3.906	2.00	2.8	—	44.4	—	2017-9-19	15：45	16：28
2	25%	19.53	10.25	7.9	5.1	42	2.4			
3	50%	39.06	20.50	14.9	7	38.5	3.5			
回顶		—	—	4.5	—	38.5				
4	75%	58.59	31.00	10.5	6	36.1	2.4			
5	100%	78.12	41.50	18	7.5	32.3	3.8			
合计		—	—	—	25.6	—	12.1			

锚索编号：N3-5　　千斤顶编号：16503　　油表编号：5262

级别	百分比	拉力/t	油表读数/MPa	伸长位置/cm	伸长量/cm	游动位置/cm	游动量/cm	张拉日期	起始时间	结束时间
1	5%	3.906	2.00	2.8	—	45.1	—	2017-9-19	10：14	10：35
2	25%	19.53	10.25	8.4	5.6	42.2	2.9			
3	50%	39.06	20.50	14.7	6.3	39.2	3			
回顶		—	—	5.8	—	39.2				

锚索编号：N3-5　　千斤顶编号：16503　　油表编号：5262

级别	百分比	拉力 /t	油表读数 /MPa	伸长位置 /cm	伸长量 /cm	游动位置 /cm	游动量 /cm	张拉日期	起始时间	结束时间
4	75%	58.59	31.00	11.4	5.6	36.2	3	2017-9-20	8：01	8：21
5	100%	78.12	41.50	19.1	7.5	32.5	3.7			
合计					25.2		12.6			

锚索编号：N3-6　　千斤顶编号：16503　　油表编号：5262

级别	百分比	拉力 /t	油表读数 /MPa	伸长位置 /cm	伸长量 /cm	游动位置 /cm	游动量 /cm	张拉日期	起始时间	结束时间
1	5%	3.906	2.00	2.8	—	45.9		2017-9-19	14：30	14：48
2	25%	19.53	10.25	6.8	4	43.9	2			
3	50%	39.06	20.50	14	7.2	40.3	3.6			
回顶	—	—		5.9		40.3				
4	75%	58.59	31.00	13.8	7.9	37	3.3	2017-9-20	8：51	9：06
5	100%	78.12	41.50	20.2	6.4	33.7	3.3			
合计	—	—			25.5	—	12.2			

表 11-7　　引松工程预应力衬砌试验第二试验段现场记录汇总表

锚索编号：N4-1　　千斤顶编号：16502　　油表编号：9139

级别	百分比	拉力 /t	油表读数 /MPa	伸长位置 /cm	伸长量 /cm	游动位置 /cm	游动量 /cm	张拉日期	起始时间	结束时间
1	5%	3.906	2.00	3	—	46.5	—	2017-9-17	15：23	15：35
2	25%	19.53	10.25	9.4	6.4	43.1	3.4			
3	50%	39.06	20.50	15	5.6	39.9	3.2			
回顶	—	—		4.7	—	39.9				
4	75%	58.59	31.00	10.5	5.8	37.5	2.4	2017-9-18	15：21	15：28
5	100%	78.12	41.25	18.1	7.6	33.9	3.6			
合计	—	—			25.4		12.6			

锚索编号：N4-2　　千斤顶编号：16502　　油表编号：9139

级别	百分比	拉力 /t	油表读数 /MPa	伸长位置 /cm	伸长量 /cm	游动位置 /cm	游动量 /cm	张拉日期	起始时间	结束时间
1	5%	3.906	2.00	3.7	—	44.8	—	2017-9-17	10：12	10：28
2	25%	19.53	10.25	8.2	4.5	43	1.8			
3	50%	39.06	20.50	15.4	7.2	39.6	3.4			
回顶	—	—		5.3	—	39.6				
4	75%	58.59	31.00	12.2	6.9	36.7	2.9	2017-9-18	14：10	14：26
5	100%	78.12	41.50	19.4	7.2	33.3	3.4			
合计	—	—			25.8	—	11.5			

锚索编号：N4-3　　千斤顶编号：16502　　油表编号：9139

级别	百分比	拉力/t	油表读数/MPa	伸长位置/cm	伸长量/cm	游动位置/cm	游动量/cm	张拉日期	起始时间	结束时间
1	5%	3.906	2.00	3.3	—	46.3	—			
2	25%	19.53	10.25	8	4.7	43.9	2.4			
3	50%	39.06	20.50	13.6	5.6	41.5	2.4			
回顶		—	—	4.2	—	41.3	—	2017-9-18	10：10	10：55
4	75%	58.59	31.00	10.7	6.5	38.3	3			
5	100%	78.12	41.50	19	8.3	34.1	4.2			
合计		—	—	—	25.1	—	12			

锚索编号：N4-4　　千斤顶编号：16502　　油表编号：9139

级别	百分比	拉力/t	油表读数/MPa	伸长位置/cm	伸长量/cm	游动位置/cm	游动量/cm	张拉日期	起始时间	结束时间
1	5%	3.906	2.00	3.8	—	44.6	—			
2	25%	19.53	10.25	7.3	3.5	43	1.6			
3	50%	39.06	20.50	14.3	7	39.8	3.2			
回顶		—	—	4	—	39.8	—	2017-9-18	8：13	8：53
4	75%	58.59	31.00	10.4	6.4	36.5	3.3			
5	100%	78.12	41.50	18.2	7.3	33.3	3.2			
合计		—	—	—	25.0	—	11.3			

锚索编号：N4-5　　千斤顶编号：16502　　油表编号：9139

级别	百分比	拉力/t	油表读数/MPa	伸长位置/cm	伸长量/cm	游动位置/cm	游动量/cm	张拉日期	起始时间	结束时间
1	5%	3.906	2.00	2.5	—	41.8	—			
2	25%	19.53	10.25	10	7.5	38.4	3.4	2017-9-17	14：46	14：59
3	50%	39.06	20.50	14.8	4.8	36	2.4			
回顶		—	—	6.2	—	36	—			
4	75%	58.59	31.00	13.2	7	31.9	4.1	2017-9-18	14：45	15：57
5	100%	78.12	41.50	20.5	7.3	28.2	3.7			
合计		—	—	—	26.6	—	13.6			

锚索编号：N4-6　　千斤顶编号：16502　　油表编号：9139

级别	百分比	拉力/t	油表读数/MPa	伸长位置/cm	伸长量/cm	游动位置/cm	游动量/cm	张拉日期	起始时间	结束时间
1	5%	3.906	2.00	2.9	—	46.9	—			
2	25%	19.53	10.25	8.5	5.6	44.2	2.7	2017-9-17	16：08	16：22
3	50%	39.06	20.50	15.1	6.6	41.3	2.9			
回顶		—	—	4.6	—	41.3	—			

锚索编号：N4 - 6　　千斤顶编号：16502　　油表编号：9139

级别	百分比	拉力/t	油表读数/MPa	伸长位置/cm	伸长量/cm	游动位置/cm	游动量/cm	张拉日期	起始时间	结束时间
4	75%	58.59	31.00	7.5	2.9	38.4	2.9	2017 - 9 - 18	16：02	16：18
5	100%	78.12	41.50	18.7	11.2	34.5	3.9			
合计	—				26.3		12.1			

参 考 文 献

［1］ 中华人民共和国水利部. 水工隧洞设计规范：SL 279—2016［S］. 北京：中国建筑工业出版社，2016.

［2］ 中华人民共和国住房和城乡建设部. 无粘结预应力混凝土结构技术规程：JGJ 92—2016［S］. 北京：中国建筑工业出版社，2016.

［3］ ASTM A416/A416M－2010. Standard Specification for Steel Strand，Uncoated Seven－Wire for Prestressed Concrete［S］. American Society for Testing Materials，2010.

［4］ 曹瑞琅，王玉杰，汪小刚，等. 无黏结预应力环锚衬砌力学特性原位加载试验研究［J］. 岩土工程学报，2019，网络单篇优先出版.

［5］ 齐文彪，刘阳，薛兴祖，等. 吉林省中部城市吉林引松工程输水总干线有压隧洞预应力钢筋衬砌专题设计报告［R］. 长春：吉林省水利水电勘测设计研究院，2011.

［6］ 齐文彪. 吉林省中部城市引松供水工程设计关键技术研究［J］. 长春工程学院学报（自然科学版），2010，11（3）：93－96.

［7］ 曹瑞琅，王玉杰，赵宇飞，等. 无黏结曲线锚索式预应力衬砌结构数值建模方法研究［J］. 中国水利水电科学研究院学报，2016，14（6）：471－477.

［8］ Pi J，Wang X G，Cao R L，et al. Innovative loading system for applying internal pressure to a test model of pre－stressed concrete lining in pressure tunnels［J］. Journal of Engineering Research，2018，6（2），24－45.

［9］ 皮进，王玉杰，齐文彪，等. 无黏结环锚预应力混凝土衬砌张拉工艺研究［J］. 水利水电技术，2018，49（07）：84－90.

［10］ 曹瑞琅，王玉杰，皮进，等. 无粘结环锚预应力衬砌锚具槽布置方式对比研究［J］. 水利水电技术，2017，48（7）：59－63.

［11］ 齐文彪，刘阳. 中部城市吉林引松工程总体布局及关键技术初探［J］. 东北水利水电，2008，26（7）：18－19.

［12］ Pi J，Cao R L，Zhao Y F，et al. Anchor cable encircled modes of un－bonded annular anchors for pre－stressed tunnel lining［J］. Applied Mechanics and Civil Engineering（Hong Kong），2016，12.

［13］ 齐文彪，刘阳. 吉林中部供水工程关键技术问题综述［J］. 长江科学院院报，2012，29（8）：1－6.

［14］ Pi J，Zhao Y F，Cao R L，et al. Anchor Spacing Design of Pre－Stressed Tunnel Concrete Lining with Un－Bonded Annular Anchors for Songhua River Water Supply Project［J］. Key Engineering Materials，2017，737：505－510.

［15］ 皮进，曹瑞琅，赵宇飞. 无粘结环锚预应力混凝土衬砌应力状态分析［J］. 人民长江，2018，49（7）：63－67.

［16］ 皮进，曹瑞琅，王玉杰，等. 不同断面形状的无粘结环锚预应力衬砌应力状态分析［J］. 地下空间与工程学报，2018，14（S2）：667－672.

［17］ 刘阳（男），王倩，刘阳（女）. 引松隧洞预应力钢筋混凝土衬砌结构计算分析［J］. 长江科学院院报，2011，28（5）：63－66.

［18］ 赵妍，孙粤琳，黄昊，等. 新型预应力混凝土衬砌压力隧洞技术研究［J］. 水利水电技术，2015，46（11）：72－76.

［19］ 赵妍，柴冬梅，孙粤琳，等. 新型预应力混凝土衬砌压力隧洞技术及其有限元分析［J］. 水利水

电技术，2014，45（11）：70-73.

[20] 黄昊，刘致彬，岳跃真，等. 压力隧洞新型预应力混凝土衬砌技术模拟试验研究 [J]. 中国水利水电科学研究院学报，2015，13（1）：14-19.

[21] Ravkin A A, Arkhipov A M. Construction of in situ concrete - encased steel penstocks at pumped - storage stations [J]. Hydrotechnical Construction，1989，23（1）：1-4.

[22] P. Matt，F. Thurnherr，I. Uherkovich. Presstressed concrete pressure tunnels [R]. Berne Switzerland：VSL International LTD，1978.

[23] Frank J H，Mehdi S Z. Limit - states design of prestressed concrete pipe. I：CRITERIA [J]. Journal of Structural Engineering，1990，116（8）：2083-2104.

[24] Hajali M，Alavinasab A，Shdid C A. Structural performance of buried prestressed concrete cylinder pipes with harnessed joints interaction using numerical modeling [J]. Tunnelling & Underground Space Technology，2016，51：11-19.

[25] Taras A，Greiner R. Scope of the design assumption for pressure tunnel steel linings under external pressure [J]. Stahlbau，2007（10）：730-738.

[26] A V，RB J，N W，et al. A critical review of the risks to water resources from unconventional shale gas development and hydraulic fracturing in the United States [J]. Environmental Science & Technology，2014，48（15）：8334-8348.

[27] 李晓克. 预应力混凝土压力管道受力性能与计算方法的研究 [D]. 大连：大连理工大学，2003.

[28] VSL Job Report. Water Supply Gallery Piastra - Andonno [R]. Italy：VSL International，1977.

[29] VSL Job Report. Pumped Strage Scheme Taloro，Sardinia [R]. Italy：VSL International，1977.

[30] Pierre Rolleli，Chiotas - Piastra Pumped Storage Scheme [R]. Italy：VSL International，1978.

[31] 亢景付，赵宏. 小浪底排沙洞预应力衬砌结构模型对比试验研究 [J]. 土木工程学报，2003，36（6）：80-84.

[32] 随春娥. 小浪底无粘结环锚预应力混凝土衬砌结构应力状态及安全评价分析 [D]. 天津：天津大学，2014.

[33] 亢景付，随春娥，王晓哲，等. 无粘结环锚预应力混凝土衬砌结构优化 [J]. 水利学报，2014，45（1）：103-108.

[34] 金秋莲. 无粘结环锚预应力混凝土衬砌三维有限元计算分析研究 [D]. 天津：天津大学，2005.

[35] 金兆辉. 无粘结预应力混凝土压力隧洞的设计研究 [D]. 南京：河海大学，2006.

[36] 林秀山，沈凤生. 小浪底工程后张法无粘结预应力隧洞衬砌技术研究与实践 [M]. 郑州：黄河水利出版社，1999.

[37] 亢景付，沈兆伟，荆锐，等. 环锚预应力混凝土衬砌锚具槽区域应力状态分析 [J]. 水电能源科学，2016（7）：108-111.

[38] 孙振川，仲生星. 南水北调穿黄隧洞有粘结环锚预应力施工重难点分析 [J]. 隧道建设，2014，34（1）：73-77.

[39] 王晓哲，亢景付，随春娥. 无粘结环锚预应力混凝土衬砌隧洞的锚索应力状态变化 [J]. 水力发电学报，2014，33（4）：214-219.

[40] Trucco G，O Zeltner. Grimsel - Oberrar pumped storage system [J]. Water Power & Dam Construction，1978（2）.

[41] VSL international. Offtake Tunnels for the Presenzano Lydroelectric Facility [R]. L' Industria Italiana del Cemento，VSL Job Report，1990（4）.

[42] Ghinassi G and Gnone E，Prestressed Concrete Lining of a Pressure Tunnel [J]. L' Industria Italiana del Cemento，1974（11）.

[43] 吕联亚，杨宇，李晓昆，等. 黄河小浪底水利枢纽排沙洞隧洞锚具槽渗油渗水处理 [J]. 中国建

筑防水，2009（2）：36－38.

[44] Lee Y，Lee E T. Analysis of prestressed concrete cylinder pipes with fiber reinforced polymer ［J］. KSCE Journal of Civil Engineering，2015，19（3）：682－688.

[45] Huang J，Zhou Z，Zhang D，et al. Online monitoring of wire breaks in prestressed concrete cylinder pipe utilising fibre Bragg grating sensors ［J］. Measurement，2016，79：112－118.

[46] Romer A，Ellison D，Bell G，et al. Failure of prestressed concrete cylinder pipe ［J］. Proc.，Pipelines 2007，ASCE，Reston，VA，2007，1－17.

[47] 王玉良. 预应力钢筒混凝土管受力性能的理论研究 ［D］. 天津：天津大学，2007.

[48] 永本，隆行米田，武志，等. Large P & PC segment works：construction works for rainwater storage under Osaka International Airport ［J］. トンネルと地下，2008，39.

[49] Kazuyoshi，Nishikawa. Development of a prestressed and precast concrete segment lining ［J］. Tunneling and Underground Space Technology. 2003（18）：243－251.

[50] 津嘉山，淳.「P&PCセグメント」を用いた、長距離・大口径シールドの高速施工（特集 変化求められる下水道トンネル技術）──（下水道トンネル技術の変化への対応）［J］. Journal of Sewerage Monthly，2011，34.

[51] 屈章彬. 小浪底工程排沙洞预应力观测资料整编分析与研究 ［M］. 北京：中国水利水电出版社，2000.

[52] 住吉・英勝，青木・敬幸，米沢・実，et al. 首都高速中央環状品川線シールドトンネルセグメント・床版の設計施工 ［J］. コンクリート工学，2011，49：12－40.

[53] 亢景付，胡玉明. 圆筒形预应力结构锚索间距的确定方法 ［J］. 工程力学，2003，20（5）：121－123，133.

[54] 张博. 环锚无粘结预应力混凝土衬砌结构优化 ［D］. 天津：天津大学，2012.

[55] 任海波. 无粘结环锚预应力混凝土衬砌结构优化设计研究 ［D］. 天津：天津大学，2007.

[56] 钮新强，符志远，张传健. 穿黄隧洞衬砌1：1仿真模型试验研究 ［J］. 人民长江，2011，42（8）：77－86.

[57] 亢景付，梁跃华，张沁成. 环锚预应力混凝土衬砌三维有限元计算分析 ［J］. 天津大学学报，2006，39（8）：968－972.

[58] 符立. 小浪底排沙洞预应力混凝土衬砌运行状况研究 ［D］. 天津：天津大学，2007.

[59] 崔诗慧. 基于观测数据的环锚预应力混凝土衬砌应力状态分析 ［D］. 天津：天津大学，2012.

[60] 贾硕. 环锚预应力混凝土衬砌结构锚具槽区域的应力状态分析 ［D］. 天津：天津大学，2014.

[61] 山口・匡，吉田・英信，堤・和大. 施工 P&PCセグメント工法のPCグラウト施工──さいたま市南浦和2号幹線（雨水貯留管）［J］. トンネルと地下，2008，39：507－514.

[62] Fahimifar A，Soroush H. A theoretical approach for analysis of the interaction between grouted rockbolts and rock masses ［J］. Tunneling and Underground Space Technology，2005，20：333－343.

[63] Simanjuntak T D Y F，Marence M，Mynett A E，et al. Pressure tunnels in non－uniform in situ stress conditions ［J］. Tunnelling & Underground Space Technology，2014，42（5）：227－236.

[64] Itasca Consulting Group，Inc.. Fast Language Analysis of continua in 3 dimensions，version 5. 0，user's manual ［R］. Minneapolis America：Itasca Consulting Group，Inc.，2014.